谁说你不能坚持

程龙 编著

每天很小很小的进步
带来很大很大的改变

坚持
是一种高贵的品质

GALA能量环，快乐坚持的密码

帮你快速告别三分钟热度

電子工業出版社
Publishing House of Electronics Industry
北京 · BEIJING

图书在版编目（CIP）数据
谁说你不能坚持 / 程龙编著 .—北京：电子工业出版社，2017.1
ISBN 978-7-121-30007-3

Ⅰ . ①谁… Ⅱ . ①程… Ⅲ . ①成功心理—通俗读物 Ⅳ . ① B848.4-49

中国版本图书馆 CIP 数据核字 (2016) 第 233626 号

策划编辑：王俊红
责任编辑：王俊红
印　　刷：天津嘉恒印务有限公司
装　　订：天津嘉恒印务有限公司
出版发行：电子工业出版社
北京市海淀区万寿路 173 信箱　　邮编：100036
开　　本：880 × 1230　1/32　印张：7.625　字数：244 千字
版　　次：2017 年 1 月第 1 版
印　　次：2024 年 9 月第 17 次印刷
定　　价：35.80 元

凡所购买电子工业出版社图书有缺损问题，请向购买书店调换。若书店售缺，请与本社发行部联系，联系及邮购电话：（010）88254888，88258888。

质量投诉请发邮件至 zlts@phei.com.cn，盗版侵权举报请发邮件至 dbqq@phei.com.cn。

本书咨询联系方式：QQ　53298280。

推荐序

时间管理，其实不是一种技能，而是一种习惯。因此，没有什么方法能帮你战胜拖延，除非你把这个方法养成习惯，所以我一直在琢磨：为什么有些人能养成好习惯，而另一些人则不能？然后就遇到了龙兄。

在见到龙兄之前，他的大名就已如雷贯耳。我们见面之后果然相谈甚欢，用龙兄的话说就是“在交谈中我们一直处于心流状态”。交谈中，他提到了他的新书——《谁说你不能坚持》，以及书里的核心方法：GALA 能量环，即 Goal（目标）—Action（行动）—Love（热爱）—Adjustment（调整），这可是在上千人当中试过的有效方法。

但我是比较直男的，还是想亲自验证下自己一直坚持的事情是否能用这个能量环来解释。

我坚持写作到现在已有 9 年（2007—2016 年），当时之所以开始写作，是因为老板送了我一本关于时间管理的书：《搞定Ⅰ》，他说：“这本书很不错，对你应该有用。”于是我就傻傻地去实践，实践的过程中积累了很多经验，我当时就决定开一个关于“时间管理”的专题博客，一方面记录自己的经验，另一方面也可以分享给同样想学习时间管理的伙伴。那时候我要求自己每周更新一篇文章，写了一年之后，2008年5月，有出版社的编辑找到我，想请我写本书，我非常惊讶，这是我从来没想过的事情，不过，还是答应了下来。5个月之后，也就是2008年10月底，我完成了书稿，2008年11月2日，我跟世界上最漂亮的女人步入了婚礼殿堂，这本书稿就是我最好的结婚礼物。

我坚持写到2012年的时候，离开了国企。真正的挑战是在2014年，那一年，我几乎没怎么更新博客，感觉要写的东西都写完了，自己被掏空了，不知道要写什么，本来打算放弃，这时候我收到了三封长长的读者来信，他们说从学校就看我的博客一直到上班，看到我近期没有更新，问我是不是遇到了什么困难并鼓励我坚持下去，期待着我更多的文章，这对我来说是个非常大的鼓舞，原来我写的东西对一些人来说这么重要，我似乎又重新找到了自己的价值！

于是我决定不仅仅只写自己，我开始关注身边其他人，吸取他们身上好的经验。我通过跟他们交谈来学习，然后分享给我的读者。我还决定去实践除时间管理方法之外的更多东西，比如金字塔原理、教练技术等，最后把实践的经验跟读者分享。有了这些调整，我豁然开朗，直到现在，仍然在通过博客和公众平台分享文章，写了9年，更新了700多篇文章，浏览量超过千万。

回想完整个心路历程，我猛然发现：这不就是GALA能量环吗?!

G (Goal)：我的初心就是分享自己关于时间管理方法的经验，虽然当时隐约知道，但并不明确；

A (Action)：每周更新一篇文章，持续书写；

L (Love)：写了一年，有了书稿邀约，量变到质变，收获惊喜；

A (Adjustment)：经历了一年的倦怠期，把视角从自己身上放到更多人身上，从时间管理拓展到更多领域。

于是，我的困惑解开了！

“坚持”这两个字说起来容易，但做的过程对于有些人来说比较辛苦，感觉坚持就意味着做自己打心眼儿里不愿意做的事情，我倒不这么认为。我觉得“坚持”是我们从“现在的自己”到“更好的自己”所必经的一段不好走的路，我们都期待遇到更好的自己，所以我们都选择走这段明知不好走但却充满希望的路。

所以，“你不能坚持”是之前别人对你还有你对自己的评判，不管失败了多少次，请你统统放下。现在，拿起这本书，带着“谁说你不能坚持”的气势，运用书里的方法，重新启程，坚持去做你想做的事。

邹鑫

《小强升职记》作者

前言
preface

2015 年 8 月 12 日晚，拉斯维加斯凯撒皇宫酒店，容纳 3000 人的主宴会厅座无虚席，第 84 届头马全球峰会正式开幕。开幕仪式为国旗展示，英国、巴西、中国等 90 多面国旗被依次举出，隆重登场，来自世界各地的与会者纷纷为自己国家的国旗呐喊助威，这种仪式感，不输给奥运会开幕式。

此刻的我，在后台静静地等待着出场，我手中是一面特殊的旗帜，握在手中，重而炙热。当最后一个国家的国旗展示完后，我举起这面旗帜缓步出场。走上舞台那一刻，现场的所有人都站了起来，我听到了整晚最震耳欲聋的掌声和欢呼声，仿佛感受到大家的能量在那一刻彻底爆发了。

当我举着旗帜停留在舞台中央时，嘴角不停颤抖，眼眶有些湿润，脑海中思绪万千。

2008 年，我大学毕业，也就是在那年我加入了头马。自此，我被无数次问过:“你的全职工作已经那么忙了，却还在这个非营利组织投入那么多的精力,不但没有工资,甚至还要搭钱,你到底是怎么坚持下来的?”还有很多人问我:“你除了头马之外，还不停运动、读书、写书，做那么多事，这些你都是怎么坚持下来的?”

在回答怎么坚持之前,我们先来思考一下:为什么要坚持?

我认为,质的改变,离不开量的积累,要想实现量到质变,唯有坚持。就好比我们不可能通过一天的运动,练出8块腹肌;我们不可能通过一天的写作，出版一本书;我们不可能通过一天的培训，成为演讲达人。练出8块腹肌、出版一本书、成为演讲达人，都需要坚持。这就是坚持的力量。

坚持，就是把一点一点小小的改变累积起来，当累积到一定程度就会达到质的改变。就像下面这两个数学公式:

$1.01^{365} = 37.8$

$0.99^{365} = 0.03$

积跬步以至千里，积退步以泻千里。

$1.02^{365} = 1377.4$

$0.98^{365} = 0.0006$

坚持全力以赴，实现量到质变。

禅宗大师青原行思曾经说过参禅的三境界：

第一境界：看山是山，看水是水。

我想学游泳，然后请了个教练。教练在岸上教我怎么呼吸、怎么做动作，这个时候我觉得游泳好简单，就是这些动作而已嘛。

第二境界：看山不是山，看水不是水。

学会动作后，我迫不及待地扑通跳下了水，接着我开始品尝水的味道和灌到鼻子里的酸痛感，我开始怀疑自己，开始害怕，开始想放弃，感觉游泳好难！很多人都选择在这个时候放弃，特别可惜。

第三境界：看山还是山，看水还是水。

那些把嘴里的水吐掉、继续坚持的人，慢慢会发现，自己可以漂起来了、自己可以动起来了、自己可以用上教练教的动作了。最后发现，自己已经完全忘记了教练教的动作，所做的动作都是下意识反应。

这就是坚持的力量。

央视有个节目叫《开讲啦》，节目每期都会邀请一位嘉宾进行演讲，据我统计，这些嘉宾提到最多的一个词，就是坚持。请你回忆一下自己的人生经历，能拿得出手跟别人吹牛的故事、能让你在人群中脱颖而出的才能，是否大多跟坚持有关？我们做一件事情，只要坚持下来，往往就可以成为吹牛的资本或事业的突破口。就像一位朋友，每天坚持画一幅沙画，后来连她自己都没想到，沙画变成了她的事业；另一位朋友，晚上没事的时候就吹1个小时小号，一段时间后，可以吹出一段作品，甚至偶尔还能参加个演出，作为在公司年会上表演的节目更是技惊四座；还有很多朋友，但凡面试时讲述过关于自己曾经坚持的故事的，基本上都能拿到Offer，因为坚持是职业发展中最重要的人格特质之一，可以说，坚持是一种高贵的品质。

我很欣赏《罗辑思维》的罗胖，先不论他的才学和商业运营，单凭每个星期录一段近60分钟的视频节目、每天发一段60秒钟的音频内容，天天坚持、持续数年，就是一件很了不起的事。即使是一个普通的瓷碗，坚持保存上百年，都能成为价值连城的古董。这就是坚持的力量。

坚持圆环

图中的这只蜗牛名叫大牛，大牛决定做一件很有意义的事情，可开始这件事情之前，大牛不知道圆环里面有什么，也不知道会发生什么，懵懵懂懂，萌萌呆呆；开始这件事情之后，大牛开始向着目标前进，走向目标的过程中，大牛看到了美丽的风景，呼吸到了新鲜的空气，翻过了一座座高山，大牛也因此完成了一次次的量到质变。在坚持的过程中，大牛不知不觉地成长为真正的“大牛”。

不管是做一件事，还是在企业或其他社群发展，都跟大牛的经历类似。比如你想到阿里巴巴公司工作，在面试之前，你看过马云所有的演讲，读过关于阿里巴巴所有的书，对阿里巴巴公司的核心价值观倒背如流。其实你此刻了解到的也只是这家公司的皮毛，只有通过面试，进入公司之后，随着做的事情越来越多，挑战越来越大，才能越来越深刻地了解这家公司的文化，才能让自己的能力持续提升。

有两种动物可以爬上一座高高的金字塔，一种是雄鹰，因为它有飞翔的天赋;另一种就是我们的大牛，因为它够坚持。

这就是坚持的力量。

那么，坚持很难吗？好像是很难，否则为什么那么多人会说成功的路上并不拥挤，因为，能够坚持的人不多！

我听到有人讲过：只要坚持，就能成功，坚持，坚持，坚持。这样的成功学鸡汤曾喝得我热血沸腾，下定决心要坚持，结果还没超过一个星期，鸡汤的劲儿就过去了，坚持的动力也彻底没了。

我听到有人讲过：坚持就是21天养成习惯，任何事你只要能够连续做21天，就能坚持下去了，这句话不知骗了多少人。身边很多朋友坚持每天跑步，可坚持了21天，第22天就不跑了。

我听到有人讲过：坚持就是喜欢做这件事，只要喜欢做，就能坚持。这个观点更靠谱些，但也有瑕疵。高考结束后，我曾经在家打了1个月的火拼俄罗斯游戏，随着级别越来越高，能力也越来越强，越打越喜欢，结果，上大学后就放弃了，因为我不知道继续火拼下去的意义是什么，除了浪费时间。

我还听到有人讲过很多其他观点……这些观点都很好，大部分我也都实践过，但问题是，依然难以让人坚持下去。

那到底什么方法可以让我们坚持下去呢?

先做个自我介绍，我从小就是个非常不擅坚持的人，做事容易虎头蛇尾。小时候过生日，爸妈送了我一双旱冰鞋，当时的我兴奋极了，可滑了一个星期就放一边积灰了；中考体育测试前，全年级组织每天下午进行体育锻炼，我没练几天就不练了；大学时想学弹钢琴，在网上找视频看，各种教程琳琅满目，看两天就放弃了……

除了坚持了3年幼儿园、9年义务教育以及高中和大学，其他真没什么拿得出手的坚持经历。但大学毕业后，一切都发生了改变。

高中作文经常不及格的我，竟然因为坚持每天写一篇文章，一年后出版了自己的第一本书，接着还是因为坚持，出版了第二本和第三本，惊呆了我的语文老师们。

中考体育考试不及格、大学 1000 米测试也不及格的我，竟然在最近几年，坚持做了 5 万次以上俯卧撑，累计跑了超过 3000 公里，其中包括 5 次半程马拉松，惊呆了我的体育老师们。

从小就害怕在人群中讲话、更害怕讲英语的我，竟然在头马坚持了 8 年多，做到了大区区长和亚洲 8 个国家和地区的顾问，并因此成为了一名双语培训师，惊呆了我的所有老师们。

为了帮助更多人坚持，为了更好地研究如何坚持，我还利用业余时间组建了一个叫“坚持星球”的社群（其前身是 2014 年 1 月 1 日成立的“坚持帮”），惊呆了我妈……

从骨子里不擅坚持的我，却能通过坚持而产生一次又一次由量到质的改变，还被身边的朋友们称为最能坚持的人，连“龙兄”这个名字都被人改成了“Long Brother——坚持哥”。我的基因并没有改变，改变的只是方法，也就是想办法生成坚持能量。坚持能量可以通过一套系统性工具在我们体内生成，简单有效，人人都可以。生成坚持能量的方法不是我拍脑袋想出来的，而是结合我自己的坚持经验，还有对数千名坚持星友（坚持星球的成员）以及头马会员的观察采访，分析总结出来的。

作为有缘人，你翻开了这本书，说明你是一个有上进心、认为坚持很重要但不太擅于坚持的人，我们是同类。阅读这本书，意味着你放弃了做其他事情。时间很宝贵，我不想浪费你的时间，所以，我把这套有效的方法分享给你，相信能帮助你通过坚持来获得持续的量到质变。

这可能是一本给你带来巨大改变的书，我希望你给自己创造一个独处的时间和空间，在不受打扰的环境中专注阅读，边读边思考、记录和实践。

揭开谜底，可以让我们生成坚持能量的工具叫做GALA能量环，即Goal（目标）—Action（行动）—Love（热爱）—Adjustment（调整）。

Goal（**目标**）：给坚持一个具体的方向和明确的理由，这是初心；
Action（**行动**）：进行大量而持续的行动，或因目标而行动，或因行动而发现目标；
Love（**热爱**）：在行动中产生热爱，持续质变，收获惊喜；
Adjustment（**调整**）：阶段性调整，战胜倦怠，修正方向，升级目标。

GALA能量环

很多道理，说起来简单，做起来难；模型容易，内化难。不用担心，这本书不仅有方法论，最重要的是简单、接地气、易吸收，可以让你行动起来并进而产生量到质变。状态不好时，读上一会儿，就能为你补充些许能量。

在书中，你会读到很多故事，我想，你可能喜欢看伟人或名人的故事，他们的故事虽然精彩，但离我们太过遥远，对我们的影响很难持续。就像马云讲完自己的故事，然后说："连我都可以做到，你们也一定可以。"事实上，我觉得我真的不可以。而本书的故事，大多来自像你我一样出身平凡却有一颗不平凡的心、愿意通过坚持行动来持续提升自己的伙伴们，他们可以做到的，我们也一定可以。

目　录

Contents

第一章
Goal：目标

※ 自己到底想要什么

2008年初，刚过完春节，处在大四下学期的我正面临着找工作的压力，状态就像看美剧《迷失》一样迷失。投给外资500强公司的简历就像投给了黑洞，只进不出，主要是因为英语水平太差。更糟糕的是，即便我得到面试机会，估计也拿不到Offer，对于这点我非常自信，因为那时的我太不自信了，不敢当众讲话也不太会讲话，所以只能在一家小公司实习。职业发展？一片迷茫。内心？痛！

在那段激情消逝的岁月里，唯一的慰藉，就是我有一颗还算积极向上的心。早春三月，乍暖还寒，朋友告诉我说，她任职的渣打银行正在组建一个叫头马的俱乐部，可以提高英语能力和演讲能力。这不就是我最欠缺的两个能力吗？这不就是找到500强公司工作必备的两个能力吗？内心的痛遇到改变的希望，坚持能量因此产生。

在坚持能量的作用下，一个阳光明媚的周日早晨，我约了两位英语比我更差的朋友，跟我一起踏上了头马之旅（为什么要找英语更差的？你懂的）。我们拜访的俱乐部名为浦东头马俱乐部，进入活动场地后，有位会员面带着微笑欢迎我们，并热情地用英语给我们介绍了当天的活动流程，最后问了一句："Do you understand？"我们纷纷点头，但当我们三个用眼神交流后，彼此发现其实啥也没听懂，就是觉得那个人英语说得真溜。

活动正式开始，由一位德国人主持。接下来的活动就是会员上台、演讲、大家鼓掌、会员下台，接着另一位会员继续。让我震惊的是，整个活动过程没有一句中文，而且每个人都讲得特别好。正当我自惭形秽时，突然发现台上的人用眼神凝望着我，然后在我没有任何准备的情况下，邀请我上台回答问题，那一刻，我的心跳瞬间加速，很可能是加倍了。站在台上，我开始支支吾吾地胡言乱语，2 分钟的时间过得像 2 年一样长，作为在头马的第一次演讲，我对所讲的内容理应刻骨铭心，可是我完全不记得自己讲的是什么，可能是因为我也不知道自己在讲什么，刻骨铭心的只有尴尬的回忆。

丢完人之后，依然感觉很紧张，直到主持人邀请我的另外两位朋友上台演讲，我才舒服起来，因为他们讲得比我更差。在我朋友后面，最惊艳的即兴演讲出现了，一位"大牛"操着标准的纽约腔，有条不紊、逻辑清晰地演讲着，一气呵成、行云流水，堪称完美！最重要的是，她的用词非常简单，让我完全听懂了她讲的内容，真是太厉害了，我由衷地佩服。

中场休息时，“大牛”主动找我聊天，我也因此得知，她是一位培训师。从那一刻开始，我的心中被播撒了一粒成为培训师的种子，不知能否发芽，那时的我，只是感觉培训师这个职业特别高大上，对我来说遥不可及。

活动结束后，我的两个朋友决定以后再也不来了，因为实在是太受刺激了；而我则决定加入头马，也是因为太受刺激了。我发现在这里，除了我们三个，其他人的英语演讲能力都那么强，这恰恰说明了头马的价值。成为他们中的一员，我才可以讲得像他们一样好，然后超越他们。

参加完第一次活动后，我正式确立了自己的目标：在头马提升英语演讲能力。目标需要 SMART，也就是要具体、可量化、可实现、有关联性、有时间限制。但在当时，我也没有想那么多，我想要的就是在头马提升英语演讲能力。

在头马漫漫旅途的起点，我很清楚自己想要什么，由此产生了坚持能量，而为了让能量尽可能强劲，我需要给它添加燃料，也就是想一想设定这个目标可以给自己带来哪些收益并把收益写下来。

比如，在头马提升英语演讲能力可以给我带来：

1. 自信心的提升；
2. 优秀的头马朋友；
3. 沉浸在正能量氛围里；

4. 过上自己想要的生活；

5. 一份世界 500 强公司的工作；

6. 为了准备演讲，更细致地观察生活；

……

这些都是生成坚持能量的燃料。很多时候，不是我们不能坚持，而是因为大脑觉得做这个事不重要。当大脑觉得做一件事没什么意义时，就拼命鼓励我们放弃，反之，就拼命鼓励我们坚持。我们为什么每天刷牙，习惯只是次因，主因是刷牙可以消除口气、预防蛀牙、让口腔清爽，大脑觉得刷牙很重要。同样有刷牙习惯的人，却可以打游戏打到牙都不刷，因为在他们心里，打游戏比刷牙更重要，刷牙就是浪费时间。很多习惯都是可以被替代的，操盘手就是我们的大脑。

一切改变的根源，来自我们的大脑想要去改变。比如想要找到一份好工作、让自己健康美丽、增加影响力、争取财务自由、获得更多尊重、找到人生伴侣、让家人过上更好的生活、让夫妻关系更和谐、让亲子关系更融洽，等等。只有想要，才能改变。

所以，在做任何事情之前，先要让大脑去确认这件事情是否很重要。拿早睡早起来说，我以前不觉得它很重要，因为我的价值观是：不管 10 点睡，还是 12 点以后睡，只要睡够 8 小时就可以了。所以我经常在 12 点以后才睡，然后晚起，周末甚至从凌晨睡到中午。后来有一段时间需要坐班车，每天必须6点起床才能赶上，否则就会迟到或旷工，于是早睡早起一下子就成为我大脑中非常重要的事，一周五个工作日，天天都能早睡早起，也因此养成了早睡早起的习惯。就像我前面提到的，习惯是可以被替代的，不需要坐班车后，我又恢复到了12点以后睡觉，8点以后起床。

又过了一段时间，我决定研究能否从主观上把一件事变成大脑中重要的事。经过对早睡早起的研究，我发现：

1. 晚睡会损伤脏器尤其是肝肾，容易引起内分泌紊乱，还会耗伤阳气，对身体非常不利。

2. 在10~12点这段时间，我只会看一些让自己放松的视频，并没有做重要的事，所以这两个小时是完全被浪费的，而早起时的大脑非常高效，不用的话就浪费了。

3. 对于我这个年纪来说，睡7.5小时已经足够了，如果我每天11点睡觉，早上6点半起床，15分钟穿衣洗漱，8点15出门上班，那么，每天早上我会有90分钟的时间可以用最高效的大脑来写作，这是我非常想要的。

基于这三个发现，我成功地把早睡早起变成了大脑中非常重要的事，每天晚上9点开始，把家里的灯以及手机、iPad的屏幕全部调成暖光（暖光就是黄色的光，过滤掉了抑制褪黑素分泌的蓝光，而褪黑素的多少决定着睡眠的质量），11点准时睡觉、6点半准时起床，然后写作90分钟。很多朋友喜欢每天早上用5分钟时间写晨间日记，我做的事情叫作“晨间写作”。上班的45分钟路上，我会通过喜马拉雅收听有营养的节目，也就是在开始工作前，我已经学习了135分钟，晨间写作和路上节目，让我在充实和愉悦中开始一天的工作，对工作也起到了积极的影响。这一切，反过来会加强大脑认知早睡早起的重要性，形成良性循环。

想清楚自己到底想要什么，认清做这件事的重要性，因此生成由内而外的坚持能量，并通过列举收益来为能量添加燃料，是坚持下去的基石。

同理，如果想戒掉一个不好的行为，如吸烟、酗酒、婚外情，就去想办法了解这个行为给自己带来的危害，生产放弃的能量，并通过列举危害来为放弃能量添加燃料，然后用其他好的行为替代这个不好的行为。

比如，

目标：戒掉烟瘾

燃料：上网搜吸烟的危害，看看吸烟的危害和别人吸烟的悲剧

1. 肺变黑了；

2. 招致身边人反感；

3. 生出不健康的宝宝；

4. 危害家人健康；

5. 肺部纤维化，像木头一样；

6. 呼吸系统疾病；
7. 得肺癌了；
8. 早衰早亡；
……

想吸的时候就去给自己添加放弃的燃料，然后做些其他事情来替代，如出去跑步。

我发现身边吸烟的朋友，只要想生孩子，都痛痛快快地把烟戒了，目标转移为各种运动，目的是让老婆成功怀孕，生出健康宝宝。遗憾的是，很多人在老婆生完孩子后又开始吸烟，因为已经完成传宗接代工作的他们觉得吸烟没什么可怕的，除非进一步发现吸烟的其他危害，他们才会戒掉。

戒烟和其他任何改变一样，只有自己特别想要，才能坚持到质变那一天。

※ 把大目标分解为阶段性目标

如果目标比较大，我们需要把大目标进行分解，将其分解为小的阶段性目标，否则很可能在目标实现前就放弃了。好比我的目标是从上海自驾到拉萨，全程几千公里，如果让我一口气开到那儿，打死我也坚持不下来，可如果在沿途安徽、湖北、四川等地安排一些补给点，每开到一个补给点就庆祝下、休息下、欣赏一下附近的美景，实现目标的可能性就大了很多。

把目标分解后，也不是一味傻傻地坚持，我们还需要知道实现目标的方法。我读小学时喜欢打乒乓球，当时受条件限制，既没有乒乓球桌，也没有乒乓球拍，更没有乒乓球教练。我和表哥一起找来两扇破旧的门板，下面用砖头垫高，门板中间再放一排砖作为网架，乒乓球桌就搭好了。我们捡来两片木板，用烧红的铁棍把木板切割成球拍的形状，球拍也就做好了。然后，用一个暑假的时间打乒乓球。是不是很励志的感觉？然并卵。照这个打法，估计打一辈子也就这个水平。幸运的是，我爸的一位朋友开了个乒乓球馆，专门教小孩子打乒乓球，于是给我报了个周末班。可不幸的是，我只学了两天，计划便夭折了，因为教练突然煤气中毒去世了，乒乓球馆也随之关了门。可即便只跟着教练学习了两天，对我的帮助也是极大的，因为教练有自己的一套提升乒乓球技能的方法，在那两天里，虽然他只教了我最基本的推挡，但靠着这两天的推挡基本功，我在小朋友界就可以大杀四方了。如果当时能跟着教练学习一年甚至更久，我的乒乓球水平一定可以秒杀身边所有业余水平的朋友们。

所以，分解目标的时候需要加入实现目标的方法。下面，介绍几个具体的例子。

例 1：小红认为减肥非常重要，于是小红决定，开始减肥。

目标：一年内减肥 12 斤

燃料：

1. 瘦身带来美丽；

2. 美丽带来自信；

3. 美丽、自信带来男朋友；

……

方法：管住嘴（每顿饭吃五成饱），迈开腿（每天跑步 3 公里），时间（坚持一年）。

第一阶段目标：第一个月减重 2 斤。

第二阶段目标：第二个月减重 1 斤。

……

例 2：读大一的小明设定了一个职业发展目标。

目标：大学毕业后进入 500 强公司做管理培训生

燃料：

1. 完美开启职业生涯；

2. 工作环境舒适，培训体系完善；

3. 有面子，父母骄傲；

……

方法：学习成绩优异，培养出众的英语演讲能力、沟通能力、社群管理能力，参与丰富的社会活动、获得相关实习经验。

第一阶段目标：大一时成为学生会、社团、头马中的一员，获得一等 / 二等奖学金。

第二阶段目标：大二时成为学生干部或社群领导，获得奖学金。

第三阶段目标：大三时成为学生领袖或社群领袖，获得奖学金，进入500强公司实习。

第四阶段目标：拿到500强公司管理培训生Offer。

……

例3：我加入头马后，也把大的目标做了分解。

目标：提升英语演讲能力

燃料：

1. 自信心的提升；
2. 优秀的头马朋友；
3. 沉浸在正能量氛围里；
4. 为了准备演讲，更细致地观察生活；
5. 一份世界500强公司的工作；
6. 过上自己想要的生活；

……

方法：在头马俱乐部坚持用英语演讲。

第一阶段目标：12个月内完成10个英语演讲。

第二阶段目标：当时还不知道。

把在头马的目标分解后，我需要马上去做的事情一下子就明确了，那就是在12个月内完成10个英语演讲。要想实现第一阶段目标，我深知只加入浦东头马俱乐部一家完成起来难度比较大，因为每个俱乐部的演讲配额是有限的，不一定每次都能排上我，于是我开始寻觅第二家俱乐部。被我选中的第二家俱乐部是上海第一演讲俱乐部，这家俱乐部在当时以新会员为主，跟“老人”居多的浦东俱乐部有一些差距，这也是我选中它的主要原因。每周在浦东受完刺激之后，就到第一演讲俱乐部找自信，找完自信之后再去受刺激，感觉特别好。

辗转在上海的这两家俱乐部，我保持着每个月完成一个演讲的节奏，即使有两个月因为特殊原因没做演讲，但一年后，我仍然顺利地完成了第一阶段目标，这些都源于我对目标明确性的深刻认知。量的积累也产生了质的改变，质变后的我，在俱乐部演讲时不再紧张，基本可以没有停顿地完成一段英语演讲，有时还能把大家逗笑；精神状态也有了明显不同，甚至愿意主动和陌生人聊天了，因为准备演讲过程中的积累，谈资也比以前丰富了很多。

※ 设定有挑战但可实现的目标

完成了第一阶段目标后，我开始有些膨胀和忘乎所以，在之后的 3 个月内没有制定任何目标，也没再做任何演讲。直到 3 个月后，浦东俱乐部的一位会员说他成为了 DTM，大家对他报以热烈的掌声，我当时没搞清楚状况，也不知道 DTM 到底是什么。

后来得知，DTM 是获得头马最高教育级别的会员，需要完成至少 40 个演讲和其他一系列项目，这个过程往往需要 5 年以上的时间，在当时，全国范围内的 DTM 不超过 10 位，年纪都在 30 岁以上。在头马流传着一句话:DTM 比 ATM 更值钱。因为完成 DTM 就意味着完成了一次次量的累积，必然会产生一次次质的改变，所以每一位 DTM 的演讲能力都很强。成为 DTM 不重要，重要的是成为 DTM 的过程，就像奖牌是可以花钱买到的，但买不到的是获得奖牌过程中的量到质变。

之后我做了个可行性分析，发现我可以通过努力在 2 年内成为 DTM，而且是全国最年轻的 DTM，尽管很具有挑战性。

于是，我制定了第二阶段的目标——2 年后成为全国最年轻的 DTM。两年后，我做到了。从新会员到全国最年轻的 DTM，我一共用了 3 年 3 个月。成为 DTM 的过程，量的积累，彻底让我的英语演讲能力发生了质变，同样质变的，还有领导力，这是意外收获。

2 年内成为全国最年轻 DTM 的目标看似很有挑战，但跟坚持星友 Mark 的目标比起来，根本不算什么。Mark 的特点是:设定疯狂目标，然后为之疯狂。他在 27 岁的时候，立志要在 5 年内成为一家公司的总经理，这个目标曾被很多面试官当成了笑话，以为他是疯子。后来他进了一家美资医药公司，设定了三个阶段目标:2 年内成为销售冠军、3 年内领导销售团队、5 年内成为总经理。Mark 从底层销售做起，每天找 100 个潜在客户，发 50 封邮件，打 30 通国际电话，天天如此，也因此获得了越来越多的订单，2 年内实现了第一个目标，然后他努力提高领导力水平，梳理出了“销售力之六脉神剑”和“领导力之天龙八部”两套体系。就像郭德纲讲的：流氓会武术，挡也挡不住。Mark 很快被提升为销售经理，然后又被提升为销售总监。他相信，一个人在公司的价值取决于他给公司带来的价值，只要带领团队给公司带来越来越多的订单，总经理的位子早晚会是他的。后来机会来了，前任总经理离职，他作为销售总监临危受命，成为新任总经理。

Mark 用了 5 年时间，按照阶段性目标，一点一点获得了成为总经理的能力和威望，做好了成为总经理的准备，机会来了，直接上位，实至名归。如果他在 5 年前就被任命为总经理，是根本没有能力接住的；如果他在 5 年的时间里得过且过混日子，机会来临时，也是无法抓住的；如果那位总经理没有辞职，以 Mark 当时的能力，去其他公司担任总经理也不是什么问题。机会，只给有准备且准备好了的人。

※ 找到实现目标的标杆

想成为什么样的人或想干成什么样的事，找到相应的标杆，会让我们少走很多弯路，也会帮助我们生成很多坚持能量。在最近的 8 年中，我给自己找了很多标杆，其中有 3 位对我产生了特别大的影响，他们是：头马前中国区区长——YD、头马全国演讲冠军——CZ、零点集团董事长——袁岳。

1. 领导力发展的标杆——YD

头马给会员提供了非常好的领导力提升平台，每个俱乐部有 7 个领导职位，包括会员副主席、教育副主席、主席等，每个职位任期半年或一年。

加入头马 2 个多月后，主席跟我说俱乐部即将举行换届选举，问我愿不愿意竞选公关副主席，他说我特别适合做公关。主席大人，您是怎么看出来的啊？好吧，我愿意。我有两个俱乐部，两手都要抓、两手都要硬，在上海第一演讲俱乐部我也准备参选，就选会员副主席吧，这个职位听起来更靠谱点。

选举过程非常民主，要发表竞选演讲，然后会员投票，最终票高者当选，有点美国总统大选的感觉。两个俱乐部的职位，我都顺利当选。为什么这么顺利呢？很简单，因为没有人跟我竞选。那一刻，我自我感觉极为良好，仿佛走上了人生巅峰，其实刚好应了一句话：无知者无畏。这种飘飘然的感觉持续了没多久，我就认识了一位资深会员——YD。

YD 当时在头马担任的职务是中区区长，听起来比我的公关副主席高大上很多。YD 跟我介绍，头马有非常完善的组织架构，每个俱乐部的 7 位领导负责本俱乐部的运营，上面还有小区级别领导、中区级别领导，然后是大区级别，当时的大区就是整个大中华区，再往上还有更大的区域以及董事会。

YD 的介绍让我脑洞大开，沉迷于两个俱乐部副主席职位的我一下子看清了领导轨迹上更大的目标。也是从那时起，我把YD列为我领导力发展的标杆。2年后，我参加了中区区长的竞选，又过了3年，我成功当选大区区长，服务华东、华北、华中地区的所有俱乐部。

2. 培训师之路的标杆——CZ

浦东俱乐部那位“大牛”在我心里播下一粒培训师的种子后，就离开了。这粒种子在我心里默默地放着，直到CZ的出现，才让它开始发芽。

CZ本科和研究生毕业于上海交通大学，博士辍学于波士顿某高校，回国后进入Intel公司，化身“码农”，专业对口，但不开心。他听说Intel公司组建了头马俱乐部，就开始定期参加俱乐部的活动，很快成为俱乐部的明星会员。

2008年，CZ决定参加头马演讲比赛，惨遭淘汰，但他并没有放弃，又坚持参加第二次、第三次……最终获得全国冠军，一时风光无限，各个城市的俱乐部争相邀请他前往分享。分享得多了，获得的掌声和鲜花也就多了，CZ发现自己越发喜欢上了那种帮助别人的感觉，立志成为培训师。于是他报了培训师认证课程，在参加培训的过程中，他发现头马会员跟其他培训师学员比，在演讲上优势明显，这更加坚定了他成为培训师的决心，于是他开始在公司跟同事分享《高效能人士的七个习惯》，同时申请转到公司的培训部门，但老板没同意，他为了做自己喜欢的事，在上有老下有小的阶段，最终选择了裸辞。

很多人会觉得 CZ 做出选择时太武断，但他一直坚持自己的追求，之后的 2 个月内成为了一名自由讲师，自由了 2 个月后，被猎头挖到了一家德国 500 强公司，担任管理培训师，华丽丽地完成了一次职业生涯的转型。

本来还觉得培训师这个职业离我太过遥远，高不可攀，但 CZ 的成功转型让我看到了希望。之后，我跟他的轨迹非常相似，在头马成为最年轻的 DTM 后，受邀到各个城市的俱乐部做分享，从 15 分钟分享到 30 分钟，从 1 个小时分享到 1 个上午，从 1 天分享到 2 天，这样的分享，我坚持做了近百场，这些经历让我能讲的东西越来越多，能驾驭的环境越来越复杂，自信心由此得到极大提升。在 CZ 的建议下，我也报了培训师认证课程，然后，在上有老下无小时，选择了裸辞。之后坚持去分享、去试错，后来，也加入了 CZ 所在的那家德国公司，成为了管理培训师，顺利完成了职业生涯的转型。

3. 出书的标杆——袁岳

虽然身为高中语文老师最喜欢的弟子，但我的语文水平极差，尤其是作文，高中时代始终稳定地在 30 ～ 40 分之间徘徊，而作文满分是 60 分。那个时候，打死我也不相信自己能写出一本书。

2011 年，一个春天的早晨，我来到浦东图书馆，正好赶上袁岳的演讲。演讲只有 1 个小时,大部分内容我都不记得了，但有一部分内容给我留下了深刻的印象，就是关于他坚持的经历。从 2003 年开始，一直到演讲那天，他每天写一篇文章，雷打不动。袁老师同时分享了坚持写作的好处,比如理清思路、传递价值等，他说如果一个大学生能够每天坚持写一篇文章，坚持一年，一定可以找到一份好工作。迄今为止，因为坚持写作，袁老师已经出版了 40 多本著作。

袁岳老师坚持写文章的行为深深刺激了我，所以当时就决定以袁老师为标杆，坚持每天写一篇文章，然后发到博客。刚开始写的文章烂到我自己都不好意思看，点击量也寥寥可数，后来越写越有感觉，直到有一天，上海发生了染色馒头事件，我马上写了一篇吐槽文章，第二天早上发现博客的点击量暴涨、关注度暴增，因为这篇文章被新浪置顶到了博客首页，我当时是乐开了花儿啊，自信心也随之爆棚，就像某伟人说的：人有多大胆，地有多大产。那份自信给了我胆量去思考一个问题：如果我把在头马提高演讲能力的经历以小说的形式写出来，每天坚持写一点点，那么一年后，是不是就能出版一本书了？于是，出版一本书成了我当时的目标。

我开始坚持每天写同样主题的文章，工作日每天晚上写 1 ~ 2 小时，周末在浦东图书馆写，出差的时候在飞机上写、在酒店写，不方便写的时候如果产生灵感就马上记下来。刚开始写的时候，没有特别完善的规划，就是跟着感觉写，写着写着思路就清晰了，而且不断加入了很多有价值和有趣的内容。

坚持写了1个月后，我接到个电话，对方说是出版社的编辑，由于那时一直接到骗子电话，我就给挂了，心里也没当回事儿。又过了2个月，我来北京做分享，一位小姑娘找到我说："你记不记得我给你打过电话？我是电子工业出版社的策划编辑。"当时我就蒙圈了，原来人家是正品啊！

于是出书被正式提上了日程，我继续坚持每天写一点点，状态好的时候一天可以写一万字，状态不好时只能写几十字或者不写。最终，这本书刚好用一年的时间完成了初稿，并顺利出版，袁老师为这本书写了推荐。

※ 成为别人的标杆

标杆是双向的，别人可以在某些领域成为我们的标杆，我们也可以在某些领域成为别人的标杆。当知道别人以我们为标杆时，我们也会生成坚持能量。

2014年1月1日，我在自己的订阅号发表了一篇文章——《坚持的力量》，分享了自己坚持的方法和心得，这篇文章被转发了上万次，有很多小伙伴留言想跟我一起坚持，于是，坚持星球的前身——"坚持帮"诞生了。我们以微信群的方式聚集、打卡，我每天也会努力到群里打卡，然后发现当我打完卡后，群里的很多小伙伴们也纷纷打卡，我就这么成了大家在坚持方面的标杆，这给了我更多的坚持能量，所以我每天再忙也会到每个群里打卡，并乐此不疲。

标杆可以来自我们身边的朋友，也可以来自不认识的人。在这本书里，你可以找到各种坚持的标杆，他们在不同的事情上坚持着、质变着。这些坚持“大牛”就在你我身边，他们的故事都是真实的，你想坚持什么，就可以把书中相关的人作为自己的标杆。

我更希望，你能够因为坚持，在某些领域成为别人的标杆。而我，很愿意成为你在坚持上的标杆。

※ 把超越对手设为目标

“竞争”、“对手”，这两个词看起来有点吓人，很多人不喜欢，他们喜欢的是按需分配的乌托邦，因为在那里没有竞争、没有对手，每个人都能安逸富足地生活，但那只是想象出来的世界，历史已经证明，乌托邦模式造成的结果往往是每个人都不能安逸富足地生活。

羚羊如果没有狮子这个对手，就会停下奔跑。竞争对手之间除了厮杀外，往往可以彼此成就，比如苹果 VS 谷歌，阿里巴巴 VS 腾讯，C 罗 VS 梅西，还有林丹和李宗伟这对世纪“冤家”。

每个人或多或少都有点争强好胜的心理，小时候的我也是如此。小学一年级时，亲戚家的小表哥是我的同班同学，在班级中特别活跃。永远忘不了那年春节，你们知道，七大姑八大姨不仅喜欢问晚辈谈恋爱的问题，还喜欢问期末考试成绩。“来，两位小朋友，你们期末考试考了多少分啊？”，面对这个问题，小表哥非常骄傲地说：“100分，全班第一。”然后就是一群赞美之声：“这孩子太聪明了，这孩子随他妈，这孩子将来一定有出息……”七姑八姨们还不满足，又追问我：“你考了多少分啊？”我只能羞愧地说：“我也一百分，数学语文加起来……”结果被我爸臭揍一顿……

那个春节，彻底激发了我的斗志，小样儿，不就考100分嘛，有什么好骄傲的，这个小表哥便成了我的假想敌。课堂上我比他更活跃，课后我比他更努力，半年后，我超过了他，你可以想象，那年的暑假我过得多么潇洒快乐！小表哥发现我在追赶他，于是更加努力，反超我，我再反超，整个小学、初中和高中，我俩就在这样的明争暗斗中彼此成就着，直到考上不同的大学。那些年的经历，也让我们的关系超越了亲情。

※ 把第一优先级留给最重要的事

想清楚自己到底想要什么，认清并相信坚持做这件事情的意义后，就意味着，我们的大脑已经把做这件事的优先级排在了前面。不要小看优先级的排序，因为我们每天的时间非常有限，除去1小时吃饭、8小时睡觉和8小时工作，留给我们自由支配的时间只有7小时，这7小时可能还包括2小时在路上、1小时状态不好、1小时处理意外情况、20分钟洗澡，还有上厕所……在极为有限的时间里，NBA在招手、世界杯又开始了、《权力的游戏》更新了、比《太阳的后裔》更好看的韩剧又出现了、隔壁老王请客、好朋友二嘎子的朋友圈更新了……我们的时间可能会被各种各样的事情占用，如果没有优先级排序，所有的事情来者不拒，那我们的时间就真的不够用了。所以，既然知道为什么要做这件事，既然决定了坚持，就要把最宝贵的时间用在这件事上，其他事情的优先级统统往后排。不管是NBA、老王还是电视剧，等我把最重要的事情完成后再说！

拿我自己来说，我曾经发现自己大脑的最高优先级只能放在三个维度上：家庭、工作和头马，除此之外，很难全身心投入到其他大事上。在我任职头马大区教育培训总监时，同时开始组建坚持星球，坚持星球风生水起，头马这边就没办法全身心投入，导致了一些工作上的疏忽。我当时也意识到了精力的不足，除了每天工作之外，业余时间本来就不多，当我专注在头马时，就领导不好坚持星球；而当我专注在坚持星球时，就又疏忽了头马。那段时间非常纠结，最终做了很痛苦的决定，暂时放弃坚持星球。

因为优先级问题，我放弃或延期的东西还有很多，没办法，谁叫我不是天赋异禀呢，谁叫我每天需要睡觉呢！要得必先舍。

你有没有经历过这样的事：高三那年，家里所有的一切都给你开绿灯，甚至父母有架要吵，也等到你高考之后再吵，因为高考是整个家庭的第一优先级；上大学时，为了追求心仪的女孩，你甚至不要脸地在厕所练歌、大胆逃课给她准备生日礼物、辗转上千公里去搭乘她从老家回学校的火车，因为追到她是你的第一优先级；刚刚开始工作时，老板给你安排了一个很具有挑战性的任务，然后你推掉了所有聚会，甚至拒绝了女友的约会请求，因为给老板留下好印象、树立自己在公司的形象是你的第一优先级……

还记得那些你曾经全力以赴的经历吗？那些经历，是不是现在想起来依然令你热血沸腾？

如果想产生令人艳羡的量到质变，比如练出8块腹肌或者写出一本书，务必要把这个目标作为第一优先级，也就是在自己的心里，最重要的事就是练出腹肌或写书，否则很难坚持到目标实现。试着给自己设立诸如“演讲月”、“写作月”、“健身月”等目标，然后围绕这个第一优先级主题，花大量的时间做出大量的行动，让自己沉浸其中，一个月后，一定可以产生质变。这也是第二章“Action：行动”的重点之一。

GALA能量环的第一部分即将结束，把这个章节讲到的方法整合到一起，就构成了我们的目标板。

※ 内化实践：制作自己的目标板

目标：____________________

燃料：____________________

方法：____________________

第一阶段目标：______________

第二阶段目标：______________

标杆：______________________

对手：______________________

优先级：____________________

参考：龙兄的目标板

目标：提升英语演讲能力

燃料：

1. 自信心的提升；
2. 优秀的头马朋友；
3. 沉浸在正能量氛围里；
4. 为了准备演讲，更细致地观察生活；
5. 一份世界 500 强公司的工作；
6. 过上自己想要的生活；

……

方法：在头马俱乐部坚持用英语演讲

第一阶段目标：1 年内完成 10 个英语演讲

第二阶段目标：2 年内成为全国最年轻的 DTM

标杆：CZ

对手：自己

优先级：非工作时间的第一优先级

※ One More Thing

读到这里，你可能已经兴奋起来了！甚至已经将目标设定好了，而且设定了不止一个，认为一个也是坚持，多个肯定也能坚持。在此，我要特别提醒你千万不要有这种想法，很多坚持星友就是前车之鉴，设定了太多目标，结果一个都没完成。

犯罪学中有个破窗效应：一幢有少许破窗的建筑，如果那些窗不被修理好，可能将会有破坏者破坏更多的窗户，最终他们甚至会闯入建筑内，如果发现无人居住，也许就在那里定居或者纵火；一面墙，如果出现一些涂鸦没有被清洗掉，很快墙上就会布满乱七八糟、不堪入目的东西；一条人行道有些许纸屑，不久后就会有更多垃圾，最终人们会理所当然地将垃圾顺手丢弃在地上。

如果设定太多的目标，有一个目标出现问题，就可能导致破窗，进而恶性循环，影响其他目标的实现。

如果你观察身边的“大牛”，你会发现精于一点的人往往比广泛涉猎的人做得更好，比如郎朗和姚明。因为人的精力和能力都是有限的，想要把任何一个领域研究透，都必须专注深耕。即便现在流行跨界，流行做斜杠青年，也需要先在自己的专业领域耕耘好，才能去跨，比如岳云鹏，虽然在综艺节目和电影上的人气越来越高，但他首先是个相声演员，这才是他的根。

我们需要做的不是花大量精力把自己的短板补上，而是拆掉那些短板，只保留一块长板，并且让这块长板越来越长。在这样一个愿意为知识和专业技能付费的时代，培养出任何一块足够长的板子，都可能给我们带来足够大的收益。同时，围绕这块长板，在它的周围装上其他相关的长板，打造成一个专业木桶……在这个世界上，有长板的人很多，有的人甚至长到逆天，但围绕这个长板打造出专业木桶的人极少，这就是我们的机会。

有意思的是，我们不只可以做出一个专业木桶，长板的能力可以快速迁移给其他木板，也就是快速让另一块木板变长。比如岳云鹏经过多年的舞台沉淀后，专业的相声功底可以让他在电影拍摄、综艺节目录制上游刃有余，这些都是他新的长板，而这些长板又可以和其他资源拼接成更多的专业木桶，所有专业木桶加起来，就是他华丽丽的事业。

专业木桶之间的协作，可以大幅放大一个人的成就和影响力，就像乔布斯通过在电脑产业上的木桶，发展出了 iPod 木桶、iPhone 木桶、iPad 木桶，所有这些木桶的拼接，不仅大幅提升了苹果公司的影响力，也大幅提升了乔布斯的影响力。

记住：注意力就是生产力。不要理睬那些没用的短板，把目标专注在培养你的长板上，通过写书、整合资源、组建社群、直播、论坛、做节目等方法，围绕这根长板拼接成自己的专业木桶，然后让这根长板迁移出更多的长板，拼接成更多的专业木桶，这才是最重要的目标。

※ 故事 & 分享

◎人这一生，需要疯狂一把◎

——Mark

Mark 和我在 2014 年因为坚持星球而相识，如果说坚持是一个人高贵的品质，那么 Mark 绝对是一个高贵的人。在他身上，你能看到的，是一股不服输和死磕的韧性。他可以连续 600 天每天运动，可以把平板支撑从 1 分多钟做到 30 分钟以上。除此之外，他还可以在 5 年内从一线销售蹿升为总经理。如果用一个词来形容 Mark，那就是——疯狂。

2007 年底，27 岁的我非常迷茫，是回福建老家还是留在上海闯出自己的一片天地？成为我当时重要的人生选择。我最终选择了后者，然后给自己设定了一个疯狂的目标：5 年内成为一家公司的总经理。

每次面试，当有人力资源经理问道：你对未来的职业生涯规划是什么？我都会说：5 年内从一线销售做到分公司总经理。听罢，他们基本上都是目瞪口呆地望着我，以为我是个疯子。然而，我最终做到了。

我把成为总经理的大目标分解为三个阶段性目标：

一、2 年后成为销售冠军

二、3 年后领导销售团队

三、5 年后成为总经理

1. 第一阶段目标——从销售开始

有关数据表明：80% 的 CEO 出自销售。我在担任一线销售时，为了成为销售冠军，几乎把全部时间都花在了寻找客户上，采取了所谓的"客户 153 行动"，即"每天找 100 个潜在客户，发 50 封邮件，打 30 通国际电话"。由于我的潜在客户来自全球，除了被拒绝的压力之外，还遭遇语言上的挑战，打 Cold Call 时要面对各种令人尴尬的日本口音、印度口音、中东口音、新加坡口音、法国口音……真的很难相互理解。这样也有一个好处，当对方不耐烦骂我时，我听不懂他们在讲什么，然后继续推荐我的产品……就这样，每天 153，我不断网罗自己的客户资源，用龙兄的话讲，每天 153 的量变结果，就是质变，即成交、再成交，我也因此赢得了领导的信任。

赢得信任后，我继续坚持着 153，并保持不断成交的节奏。然而我意识到，想要继续自我突破，不仅要坚持 153，还要搭建一个适于自己的销售理论体系。于是我访问了上百位客户及销售高手，速读上百本有关销售的书籍，然后梳理出了自己的一套销售体系，我称之为"销售力之六脉神剑"。就像郭德纲讲的：流氓会武术，挡也挡不住。"客户 153 行动"加上"理论体系武装”，让我在加入公司第二年的年中就完成了年度销售目标，成为当年的销售冠军。

2. 第二阶段目标——领导力之剑

要想成为总经理，除了销售能力过硬，还需要具备领导力。在证明自己是优秀的销售之后，2009 年下半年，我被提升为销售经理，开始进行团队管理。那时，我通过读书、参加培训以及跟其他总经理朋友交流等方式，不断提升着自己的领导力，并坚持每天写一篇关于领导力的文章，分享给我的团队，坚持了一段时间后，我把这些文章整理起来，形成了自己的一套领导力体系，我称之为“领导力之天龙八部”，也因此打造出了一支极富狼性的国际销售团队。

2010 年到 2013 年期间，我在团队推行“Direct Business Trip”策略，带领团队直接上门拜访客户，走访了 30 多个国家，100 多个城市，有些国家走访了多次，总距离大约可以绕地球 40 圈，这段时间，我和团队帮助公司达成的业绩比我刚进公司时翻了 5 倍，我也因此被提升为销售总监。

3. 实现第三阶段目标

我一直觉得，一个人在公司的价值取决于他给公司带来的价值，我相信只要带领团队给公司带来越来越多的订单，总经理的位子早晚会是我的。2013 年，机会来了，那一年，公司业绩持续增长的同时，却出现了严重的亏损，总经理被迫辞职，而我则抓住了机会，临危受命，成为新任总经理，带领200人的团队，继续坚持，不断质变。

每个人的路都不可复制，如果想让自己与众不同，请记住并践行8个字：志存高远、脚踏实地。

◎一直坚持的创业梦◎

——胡莹

胡莹是我的大学同学。大一时，当很多同学都还在赖床逃课、打魔兽世界时，她已经早早地起床，为了创业梦想在奋斗；大四时，当很多同学疲于奔命地投简历、面试时，她已经作为青年创业代表上了央视的《对话》节目。她的创业梦从一颗小种子开始，不断地发芽，项目虽不断调整，但她坚持的是——创业梦，在路上，还有那股倔强。

今年整30岁的我，在这个随处可见的创业潮中，已经折腾了12年。对于过去的12年，似乎转眼即逝，有太多的成功与失败塑造了现在的自己，这些痕迹有时候让我坚定自己的脚步，但有时候也令人迷茫。

我想如果要用一个词来形容自己，那就是倔强。

很多人问我，怎么会在刚考入大学的18岁时就下海经商了，如果用我现在的经验看待过去，那好像真的是一个不计后果、不切实际但却胆大完成的梦想。作为一个85后，社会条件和家庭环境让我在读书时就懂得父母的辛苦付出，所以自己的零用钱总是计划着使用。

初中时，我和同学每天走过校园边上的文具店时总会探头张望，每周五会提前放学，这让我们有更多时间泡在文具店挨个摸摸可爱的毛绒玩具，最后会用仅有的几块钱买一两张粉红的贴纸和卡通的橡皮。那时候的女生们总会说，等以后我们有钱了一定要开一家文具店。我和大多数女孩一样，现在想想那真是自己当初的梦想，我们从没有想过未来自己要做什么，要成为什么样的人，但是这个文具店却真实地存在于我们的身边，每天我都那么渴望拥有一家自己的小店。从初中到大一我一直默默地存钱，考入大学后开始做家教、兼职促销、派发传单……每次回家，路过高中就会不自觉地看看有没有店铺转让。那时候我的愿望如此真挚强烈，强烈到同学们也为我关注路边的店铺。放暑假的一天，他们兴奋地敲开了我家的大门，告诉我学校对面的杂货铺出租了，我脑袋一热当时就租下了这个 20 平米的店面。合同签完的当天，才知道房租是三个月一交，当时余下的流动资金只有 5000 元，更可怕的是上一家把门和灯都拆走了,店里满是垃圾。第二天，爸妈就找我谈话了，在松江大学城读书的我，在还没有地铁只有长途汽车的条件下,从学校到店里要 2 个小时,谁来看店呢?他们的极力反对，让我失去了方向。就这样空了一周的小店像街边废弃的屋子格外显眼。在反复向爸妈保证不影响学习，用仅有的存款试一试的宣誓下，他们终于改变了态度。

但这一切只是开始。店铺的装修、做货架、装门、丈量……这一切我都不会。记得烈日如火的那天，老爸让我独自去测量店铺，突然天一下变成了黑色，下起了狂风暴雨，我一个人被困在没有灯和门的店里，雷电交织，还有雨水不断漫入，看着阴暗杂乱、满地积水的小店，我就像泄了气的皮球，大哭了起来。这哪里是开店做老板啊，当时心里的失落和委屈压得自己喘不过气来。可发泄完了认真想想，房租也付了，什么都还没有启动，怎么可以轻言放弃呢！于是接下来的日子，我铆足了劲儿学习各种方法，为了节约成本，自己画海报做广告，早上 5 点多和长辈去批发市场学习进货，为了节省交通费，我提着蛇皮袋坐三轮车进货。或许是多年来在脑海中对自己小店的描绘，文具的选择和陈列的方式很受客户们喜欢，虽然进完货只剩下 800 元，但开业的第一天就卖空了店里一半的文具饰品。人生的创业之路就如这家小店的名字，它来自于 2004 年那首范玮琪的《最初的梦想》，我的小店叫“梦启程”。

“如果骄傲没有被现实大海冷冷拍下，又怎会懂得要多努力，才能走到远方。”所有的路都不会一帆风顺，崎岖蜿蜒后才能看到更美的风景。如果开店的辛苦来自于每周三次早上 5 点出发去学校上课，傍晚坐公交回市区看店；如果辛苦来自于把自己的头发染成黄色，烫个大卷，背个蛇皮袋，让市场里的老板们不用质疑我稚嫩的学生气就给批发价；如果辛苦来自于说的口干舌燥没有时间吃饭……那么，开公司的辛苦更多来自于内在的那份责任。

上大学二年级时，学校开展了第一届创业大赛。由于开店一年来对市场累积的经验，我们小组很快发现了学生求职就业需要正装的需求，我们将高昂的西服、职业套装以租赁的方式满足同学们的应聘着装要求作为创业点，最终获得了大赛的冠军。感谢学校开放的教育环境，在10年前的体制下创新改建了学生创业中心，为我们成立了学生创业公司，给我们提供了企业办公的环境。为了真实验证我们的商业计划，我做了一个更大胆的决定，关了稳定盈利的小店，全身投入到公司的运作中。

创业能遇见的问题，我们都在经历，这个不分年龄，不分性别，更不分社会人还是在校生。商场即是战场，我们由6个人的公司，做到了120人的公司，后来又变成了30人的公司，最后又成了6个人的公司。这是简单的公司规模的描述，但这些数字的背后有着巨大不同，公司不是一个人的梦想，这就是它的不同。

初期的我们并不被看好，公司发展总有问题，我们不愿意服输，摸索调整再尝试再挑战，原始的股东不断退出，新股东又会出现新的问题。运营没有条理，推广没见效果，但一年来的坚持让我们等到了种子用户带动新同学的消费，实现了租赁正装业务的成熟。我们获得了大学生创业基金会的肯定，并被多家媒体报道。从服装租赁业务延伸至会展演出服务，公司的规模不断扩大，作为一个实现盈利的学生创业公司，我们不仅仅获得了市场的成功，也收获了掌声。我们入选了

CCTV 经济频道举办的青年创业中国百强，参加了 CCTV《对话》节目的录制，被评选为上海青年创业二十强，成为年轻人的创业导师，更被邀请到各个高校做创业分享。

但所有的梦想都曾坠落悬崖，千钧一发。盈利初期团队也曾分裂，曾被恶意的造成公司利益的损失，导致资金链的断裂。亦或是连续几周的熬夜奋斗，换来的却是不诚信的交易。更或是伴随多年的创业伙伴，在毕业之际选择了就业，离开了团队。有时候伤口很痛，沮丧的时候更觉得孤单无助。但我也依然感恩每个阶段共同努力的同事们，艰难的时候，会想起黑夜路灯下我们互相打气，会想起大型展会圆满完成时我们一起流下的眼泪，会想起凌晨四五点赶策划时一瓶冰可乐分 8 杯的欢笑与快乐。而所有的坚持和努力，都因为这个公司是我们共同的梦想，而我更有责任让它变得更好。

回顾之前的过往，当艰难险阻出现在面前，你会领悟到那种深入骨髓的倔强，是源于爱你的家人、朋友。他们给了你勇气，让你更加坚强。在你有梦想的时候，让你不去在意和别人不同。如今而立之年的我将迈向下一个十年，我不知道未来会变成怎样，但我更懂得珍惜，让我爱的人们更快乐、更幸福。

就如汪国真先生说的，人生是一场旅程，你若有一个不屈的灵魂，脚下，就会有一片坚实的土地。

◎成功的路上一点也不拥挤◎

——剽悍一只猫

跟猫结识，缘自我在重庆的一次分享会，当时的猫正处在迷茫期，内心对现实生活极度不满，强烈渴望去改变。后来他制定了年度目标，在行动中收获了很多意外的惊喜，整个人生开始绽放。

2015年11月，在思考许久之后，28岁的我决定放下手中的事情——教中学生如何对付英语考试，找寻自己想走的路。

在这之前，我狠狠地上课，攒了近十万“盘缠”，当时我就想,这最起码能让我折腾大半年。于是我开始到处参加培训，在付费咨询平台约了很多行家，一有时间就会看书——这些年，我买了四万多块钱的书。

就这样，到了12月中旬，有一个成长类社群的负责人看到我之前在网上写的关于演讲的分享稿，邀请我去他们的演讲打卡群里“踢馆”，意思就是我也参加打卡，但是打卡项目得牛一点儿，以此来刺激他们的群员，但我需要跟他们一起坚持21天。

我答应了，当时定的打卡项目是一天读完一本演讲与口才类书籍，写一篇读书笔记。那段时间还有一些杂事要处理，而且我得了重感冒，但既然答应了，我就是咬牙也得坚持下去。

在坚持的过程中，转折出现了，我写的两篇读书笔记在简书上成了热门,被一些大号转载。看到这么多人看我的文章，惊喜又激动！于是我立马注册了一个微信公众号，开始把自己在简书上写的文章搬到上面。

2016 年元旦，从 1 号到 3 号，我基本上是躺在床上休息，琢磨来琢磨去，我觉得 2016 年得干点让自己觉得很了不起的事情。最后，我拟了一个年度目标：采访 100 个大神级牛人，写 100 篇人物访谈，读 100 本实用好书，写 100 篇读书笔记。

跟人学和跟书学相结合，我相信，我一定能取得很大的进步，而且，还能将这些内容分享给别人，产生更大的价值。

我把这个年度目标发朋友圈以后，很多人过来劝我，甚至是批评我，觉得我不切实际，应该踏踏实实地找份工作，然后买房娶妻生子。我没听他们的，我跟一些人说，我坚持做 100 天看看，如果 100 天以后还没啥成绩，再做其他考虑。如果有了成绩，那我就继续做下去。

于是，我开始通过各种渠道，采取死缠烂打的方式，采访到了很多厉害的人物，比如知名作家，还有百家讲坛的主讲老师。我坚持在简书写作，先是跟简书官方沟通申请，成为了简书首席采访员，攒足了条件以后，又成为了简书签约作者。

就这样写啊写，写到 2016 年 1 月底的时候，我写了一篇《如何从 3 分钟热度到坚持 16 个月》，这篇文章被数不清的大号小号转载，阅读量至少破千万。我的微信公众号一晚上涨了近4000粉，微博一晚上涨了近8000粉，而且之后几天还在不断地涨。这时候，无论是知名度还是自信心，都上了一个新的台阶，我比以前更加坚定了。

从开公众号到今天，已经8个多月了，现在，我的微信公众号粉丝已经有40多万，在最新的简书作者排行榜里，我位居第二。手上有两本书的合同,还有每个月好几万的广告收入。

有人问，你为什么能坚持这么久？我想了很久，我发现，一个人要想坚持做一件事情，一定要给自己理由，而且是足够强的理由！我的理由是，我快30了，还只是一个不想做屌丝的屌丝，成天做着屌丝逆袭的梦，此时不努力，还要等到什么时候？而且我坚信我做的事情是非常有价值的。不管是对我自己，还是对读者。有时候我会想，如果当初我没有做这些事情，我会不会继续碌碌无为下去？想想就很痛苦！

快30岁的我，好不容易遇到这样一个机会，就像一个不会游泳的人，被大水冲走，突然抓到一根救命稻草一样，肯定会用尽全力抓住它，然后死磕下去。

也许你听过这样的话，现在的这个社会竞争很激烈，要想脱颖而出太难了。而我想说：成功的路上一点也不拥挤，因为坚持的人并不多。

第二章 Action：行动

很多人都听说过 10000 小时法则，大意是要想成为一个领域的“大牛”，需要经过 10000 小时的训练，比如钢琴届的郎朗或篮球界的姚明。不过 10000 小时法则也有两个问题，一是 10000 小时不一定可以让一个人成为“大牛”，比如像我小时候那样打乒乓球；二是成为“大牛”不需要 10000 小时那么久，甚至连 1000 小时都不需要。

对于我们来说，做适合自己的，再结合专业人士的指导，才能在量的累积中，更快更好地质变。

※ 我们应该去做什么

很多时候，我们不知道自己的目标是什么，尤其是大学刚毕业时，一片迷茫，往往需要在行动起来后才能看到目标。有些事，不一定因为有目标才去做，很可能是因为去做了，才能看清目标。

1. 认清自己的现状

每个人都是独一无二的，做的事情不尽相同。决定去做事情之前，需要先认清自己的现状。

假如，把时间分成工作时间和业余时间，把心情分成开心和不开心，我们可以看到如下四个组合，分别在不同的象限：

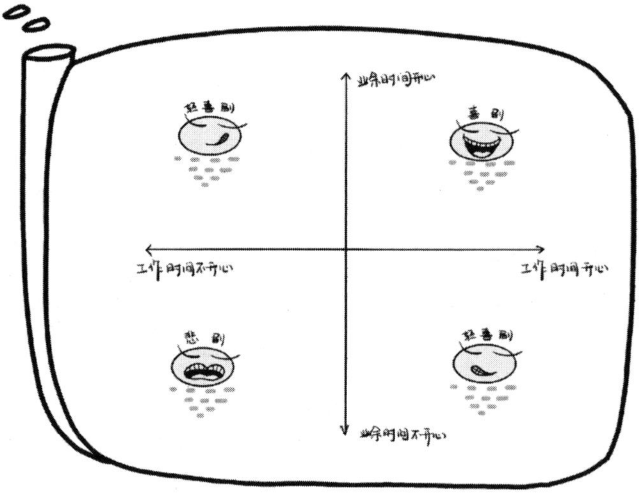

(1) 工作时间开心 & 业余时间开心，这是喜剧

这是很多人梦寐以求的状态。但是，千万不能让自己太安逸，比如在外资 500 强公司，每天的工作很轻松，福利待遇很好，同事人人都很和善，实际上，这是非常危险的。现今时代的变化太快，浪潮一个接一个，大公司说裁员就裁员，越来越多的劳动力被互联网、机器人和人工智能取代。在安逸的环境中，我们需要多想想未来，多做一些和未来有关的事，这样才能让自己乘风破浪，而不是在新的浪潮中溺水而亡。

有一位在马士基公司工作的朋友，因为负责运营马士基的头马俱乐部，他结识了很多其他部门的同事，当自己所在部门突然被全盘砍掉后，他被其他部门的同事保了下来，换到了别的部门，幸免于难；还有一位在诺基亚西门子公司工作的朋友，当遭遇公司裁员时，他不仅没有惊慌失措，反而开心地拿钱离开，因为他一直在利用下班时间帮朋友做设计，被裁员后直接注册了公司，业务发展得很好。

（2）工作时间开心 & 业余时间不开心，这是轻喜剧

业余时间为什么不开心呢？缺伴侣？那就去跟你气质比较搭的圈子找，量变决定质变，接触的人多了，又都跟自己很搭，还愁没对象？我在头马已经帮助 10 多对会员成为夫妻了，最让我开心的是，还没有一对离婚；没兴趣？那就去找啊！如果不出差的话，我每周会去体验一个新的运动项目，比如攀岩、网球、射箭、滑板、动感单车、高尔夫、城市跑、入门级铁人三项等，你也可以尝试写作、参加社群活动、徒步等，在这样一个物质极大丰富的时代，业余时间可以用来丰富精神世界的事情太多了，坚持去体验，总有一款适合自己。

（3）工作时间不开心 & 业余时间开心，这是轻喜剧

很多人的心态是：上班只是为了赚钱，业余时间才是真正的生活。你想想，如果每天 1/3 的时间都用来做不开心的事，也真是浪费生命了。是否可以换一份喜欢的工作呢？如果还

没有能力去换一份喜欢的工作，是否可以利用业余时间来持续提升自己，让自己达到一份理想工作的要求呢？比如很多头马会员坚持做演讲、担任领导角色，不仅提升了个人能力，还扩大了社交圈。头马会员中有非常多做 HR 的会员，还有非常多的 500 强公司都有头马俱乐部，这些条件加在一起，找不到好工作都难。

（4）工作时间不开心 & 业余时间不开心，这是悲剧

如果工作和业余时间不开心是因为所做的事情压力太大，而所做的事情又特别有意义，这种情况另当别论。但是，如果工作和业余时间不开心是因为所做的事情毫无意义，这就是悲剧，但还不是最大的悲剧。最大的悲剧是成长失速，也就是自暴自弃、破罐子破摔、彻底放弃自己。其实，只要想去改变，成长失速完全可以转变为成长加速，痛苦是极好的坚持能量，通过这个能量，完全有机会把悲剧逆袭为喜剧，而且是有故事的励志喜剧，就像褚时健，即便女儿自杀、自己入狱，依然在 70 多岁时再次创业，种出被全国人民称为“励志橙”的褚橙。

了解完自己的现状后，不管你在第几象限，都需要做以下的事。

2. 去做可以累积的事

从下图的两个维度来看，对于要做的事情我们需要关注

两个问题：1. 做这件事可以给自己带来多少收益；2. 这个收益是否可以累积。

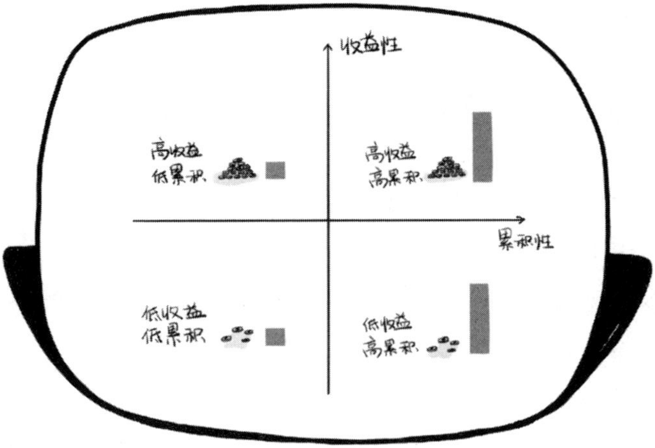

(1) 高收益高累积

高收益高累积的事包括做分享、与标杆对话、晨间写作等。做这些事情，我们不仅在做的时候收益很高，坚持做下去的话，收益会持续累积。比如我每天的晨间写作，写的时候就有一种能量满满的感觉，坚持写一段时间之后，可以累积很多同类伙伴或者出版一本书。

(2) 高收益低累积

高收益低累积的事包括打游戏、吃大餐、看肥皂剧等。做这些事情的特点是，我们在做的时候很爽，感觉收益很高，但是做完之后很快就没感觉了，即使重复做，收益也难以累积。

需要注意的是，收益和累积是相对的，比如对于我的好友——魔兽人皇 Sky 来说，打游戏就是高收益高累积的事，他获得了魔兽争霸世界冠军，成为游戏界的网红，成功转型创立电竞设备公司。

(3) 低收益高累积

低收益高累积的事包括每天练 30 分钟字、背 1 首诗、背 10 个单词、读 30 分钟有营养的书、做 1 个演讲等。这些事情做的时候感觉收益不大，但是收益可以累积，如果坚持做下去，就会通过累积达到质变。

有一位头马会员，每天背 1 首小诗，后来每次做演讲时都会引用一句，因此被称为诗神；有一位大学同学，在开学第一天做自我介绍时把我们惊呆了，因为他写在黑板上的字实在是太漂亮了，后来得知，他在高中时每天跟语文老师一起练习写字；还有一位朋友，他每次路过苹果零售店，就会拍一张零售店的照片，你可能觉得很无聊，但当他坚持几年后，拿出几十张照片来分享，讲解每张照片背后的故事时，这件事就变得很有意义。所有这些低收益高累积的事，坚持做，很可能会在某一天派上大用场。

(4) 低收益低累积

低收益低累积的事包括上无聊论坛、刷微博、刷朋友圈、看花边新闻、看评论等。做这些事情对自己没有任何价值，长期做下去也无法累积，或者有可能累积出负能量。

请你想一想，自己做得最多的事情属于哪一种？

现今社会，每个人都觉得自己很忙，但很多人都忙着做低累积的事，忙忙碌碌之后，无法累积，也就无法达到质变，忙了半天，不知道自己在忙什么。比如我们每天忙着玩手机游戏，也许会在某一天得到一个高到吓人的分数，但这个分数只是一个数字而已，没有任何意义。

我们应该去做高累积的事，虽然做这样的事可能每次只能带来很小的收益，但是如果我们坚持做，收益就可以累积，最后达到质变。比如每周做演讲，做完演讲后可能感觉进步不太明显，当连续做完5个演讲后，我们就会发现自信心变强了，一直做下去的话，我们就可以在工作中做出更精彩的报告、主持更高效的会议、获得更多的升职机会。

3. 去做有挑战的事

我在天津老家读高一的时候，有早恋倾向，那个时候没有手机，沟通情感只能靠纸条，传递纸条只能靠“人肉快递”。有一次语文课上，一位女同学传一张小纸条给我，结果被不靠谱的“快递”掉在了地上，正好被语文老师发现。

语文老师把我叫到了办公室，他并没有发脾气，只是问了我一个问题：“元稹在《离思五首·其四》中有句诗，曾经沧海难为水，除却巫山不是云。你听说过这句诗吗？”

我是一个非常直接的人，有什么说什么，“没听说过”。

“那我跟你解释一下，字面意思是，你现在觉得家乡的小河很美，那是因为你没有见过大海，如果有一天，你见了三亚的大海，再回过头来看家乡的小河，你就会觉得这个小河不过如此；你现在觉得家乡的云很美，那是因为你没有去过巫山，如果有一天你去了巫山，你就会发现家乡的云不过如此。”

“啊，还是没太明白。”

“好，那我通俗地给你解释下，你现在觉得你们班的某个女生很美，那是因为你没有去过上海，如果有一天你去了上海，再回过头来看你们班的某个女生，你就会觉得这个女生不过如此。明白了吗？”

我茅塞顿开，“明白了！那怎样才能看到上海的女生呢？”

“很简单，从现在开始，斩断一切情缘，把精力专注在学习上，考个高分，就能去上海读大学了。”

从那以后，我斩断了一切情缘，专注在读书上，3年后顺利考上了上海一所文科类学校，男女比例3:7，学校周围还有上海外国语大学、东华大学、复旦大学视觉艺术学院。我永远忘不了入学第一天所受到的视觉冲击，只想呐喊一句：“啊，大海！”在那一刻，我把所有高中女生都忘了，把自己投身到大海的怀抱中，第二天就恋爱了……

“曾经沧海难为水”，这句诗不仅影响了我的爱情，还成了我的重要价值观，我现在这么解读它：今天我们遇到一个挑战，觉得好难，如果过一段时间我们战胜了一个更大的挑战，再回过头来看曾经的那个挑战，就会发现曾经的挑战不过如此。就像你举一个10公斤的哑铃，觉得好重，而如果你一直举的是20公斤的哑铃，然后再举一下10公斤的哑铃，你会感觉10公斤的哑铃好轻；你跑10公里觉得挑战很大，如果有一天跑完了一次21公里的半程马拉松，再去跑10公里，就会觉得10公里不过如此。

经历沧海就是去挑战我们的心理和生理舒适区，这个过程肯定不舒服，但它却是成长的必经之路。人的能力和器官一样，用进废退，我们不断去战胜一个又一个挑战，突破一个又一个舒适区，才能持续成长，挑战越大，成长得就越快。大灾后有大爱，大苦后有大甜，每隔一段时间，就去挑战一下自己的极限，找到全力以赴的感觉，激发出最好的自己。比如在保证安全的前提下，去上一节动感单车课，体验流汗如流水的感觉，然后就会发现跑步根本不是个事儿；比如去参加演讲比赛，在比赛中随着不断晋级，激发出从最好到更好的自己，参加一次演讲比赛的提升幅度要好过做20次普通演讲。经历完沧海之后，会发现过去的自己有点傻，没错，成长就是不断发现过去的自己是个傻子的过程。

我们可以选择的行动很多，下班后在床上看5集电视剧，洗洗睡了；在安逸的企业吃吃喝喝，过完一辈子；在外企工作时，只挑轻松的活儿干，能偷懒就偷懒，只要不被裁员，或者裁员也无所谓，家里的5套房子足以养活你一辈子……

因为你翻开了这本书，我相信你不是上面这样的人，你想要活得更精彩，想要让自己的生命更有质量，想要遇见越来越棒的自己。那就去经历自己的沧海吧，尤其是在自己的长板上接受持续的挑战，让这块长板越来越长，即使变长的过程必然伴随着痛苦。

就像海明威在《老人与海》中所写，“生活总是让我们遍体鳞伤，但到后来，那些受伤的地方一定会变成我们最强壮的地方。”

就像汪涵在节目《开讲啦》中所言：“当外界所有不如意在你身边的时候，机会来了！一定要学会很好地忍耐，不管是怎样特别尴尬或者是特别难堪的局面，一定要扛下去。因为面对困难无非三点：你度过困难，你有了度过困难的智慧；你面对困难，你有了面对困难的勇气；你绕过困难，你有了绕过困难的狡猾。上天抛给你的东西，用自己的双肩去承受，不管抛多少,先扛着。扛着的目的是为了让你的身体更加坚强，双臂更加有力，有一天他馈赠给你更大礼物的时候，你能接得住。”

就像龙兄所说：“挑战之后，才有礼物。”

4. 每天要 HAIO——嗨喔

我把每天都需要去做的事情称为 HAIO——嗨喔，即：Health（健康）、Attitude（心态）、Input（输入）、Output（输出）。

健康：适当运动、健康作息、健康饮食……生理健康是一切的根本；

心态：控制情绪、正能量、不抱怨……阳光心态是对生命的正态度；

输入：多读书、听分享、参加培训、看节目……输入是输出的保证；

输出：演讲、培训他人、写作、创作……输出是一个人价值的体现。

(1) Health：健康

健康是一切的根本。我们在自己年轻时往往不太重视健康问题，但年轻时的不重视甚至放纵，很可能在未来降低我们的战斗力。我最长的培训记录是连续上12天课，包括周末2天，然后就累倒了，发高烧，一个星期才缓过来，真的不喜欢那种生病后的无力感。从那以后，我都会有意识地避免这种情况发生。

今年在华盛顿跟思维导图创始人东尼·博赞老先生吃饭，老先生1942年出生，70几岁的年纪竟然还能全球飞、竟然还能全球做培训、竟然还能写书、竟然还能跳舞甚至做出深蹲动作，着实让我震惊不已。老先生说他的身体条件是40几岁的水平，这都得益于他一直坚持运动以及轻量化的饮食。如果年轻时没有坚持运动或者一直大鱼大肉胡吃海塞，他一定不会像现在这样健康有活力。

作为培训师，出差在所难免，从2013年开始，平均每年飞40次，这对身体非常不利，我有一个保持健康的做法，出差到当地后，就去当地的公园跑步、骑行或徒步，这些年让我印象深刻的地方有：贵阳黔灵公园、杭州西湖、深圳荔枝公园、西安唐城墙遗址公园、沈阳北陵公园、哈尔滨斯大林公园、广州天河公园、昆明翠湖公园、厦门环岛路、香港龙脊、中山岐江公园、北京奥林匹克森林公园、北京雁栖湖、普吉岛和兰卡威的沙滩、辛辛那提约翰·奥古斯都·罗布林大桥、奥兰多希尔顿酒店、旧金山金门大桥、纽约中央公园、华盛顿波托马克公园、布法罗海军公园、上海世纪公园……单在其中任何一个地方跑过都不足为奇，但当我一口气写下这么多地点时，往事历历在目，特别有感触。因为头马和坚持星球的原因，每到一个城市，基本都有小伙伴陪我一起运动，这些运动既可以帮助我了解这个城市，又可以提升我的身体机能，让我上课保持活力。不出差的话，我会坚持每天至少跑 1 公里，状态好的时候就多跑一些，状态不好的时候跑完 1 公里就回来，虽然跟我身边那些每天跑 10 公里的朋友们没法比，但是我觉得足够了，因为我跑步纯粹是为了出汗、促进血液循环、排毒、愉悦心情，压力大时，出去跑 1 公里，立刻感到轻松很多，可能是因为我的多巴胺分泌点比较低吧。

为了健康的身体，我除了每天运动和早睡早起外，还不吃太过油腻的食物，而且绝对不吃撑，尽量 7 分饱，很符合中国长寿村百岁老人跟马未都分享的长寿秘诀：吃也吃不饱，死也死不了。有一次培训后，午饭是 300 多元的自助餐，但我拿的餐食只有花卷、紫米粥、蒸山药、青菜和两块牛肉，学员们都惊呆了，说我太亏了，他们不知道的是，如果身体倒下，损失是无价的，那才是真正的亏了。作为培训师，说话多，补气很重要，所以我每天喝的茶水里都有花旗参、枸杞子、黄芪、枫斗、黄精和红果片，偶尔还会吃几勺黑芝麻粉。

坚持星友吴启蒙在分享时说："我和几个朋友一起创业，经常加班，事情是永远做不完的，为了赶进度，只能牺牲晚上的睡觉时间。结果晚上睡得越晚，早晨起得也越晚，有一段时间连续多日凌晨两三点睡觉，早上将近9点才从床上爬起来，然后赶到公司上班，上班状态特别不好，晚上休息也不好，身体越来越差，还经常咳嗽，而且白天偶尔心悸，感觉整个人都不好了。身体是革命的本钱，我必须想办法解决这个问题，于是开始和星友们一起早睡早起，经过一个多月的坚持和调整，我现在基本上都能在午夜12点前睡觉，早晨6点半起床；偶尔晚上有点事情，也都能在12点半之前入睡。由于晚上给自己安排的睡眠时间有限，因此中午都会做简短午休，大概休息10～15分钟,可以保持整个下午到晚上头脑的清醒，现在每天早晨上班前，我有2～3个小时可以做自己的事情，晚上下班后，我又有3～4个小时可以做自己的事情，感觉自己的人生通道拓宽了很多。”

我有个好朋友，典型工作狂，早上8点到公司，晚上9点到家，周末还要去加班，每天就像粘在了工作座椅上，连上厕所的时间都没有，午饭半小时就吃完了，她还为此感到兴奋，半年后，一次眩晕，身体垮了，再难恢复到从前的状态；还有个创业的朋友，为自己的事业奋斗嘛，比工作狂更加工作狂，拼到内分泌严重失调，体重暴涨几十斤，生病不断，吃再多中药调理、花再多钱，也回不到曾经的样子……

我非常理解，作为优秀员工，想拼命把公司的事情做到极致；作为创业者，为了发展自己的公司，谁又能不全力以赴地拼？我只是希望奋斗中的你，可以留给自己一些时间来运动，可以调节好自己的饮食和作息。这样，才能拼得更久。

(2) Attitude：心态

如果你看过网络上的评论，就会发现有些人一天到晚都在发泄负面情绪，骂政府、骂明星、相互对骂、抱怨社会、抵制国外产品……这些人被称为中国喷子、爱国流氓，他们不想着通过自身努力去改变现状，只知道把负面情绪强加给别人，心态非常不好。

心态不好的后果很严重，比如爱发脾气、容易情绪失控、经常唠叨抱怨、浑身散发负能量，而结果就是一事无成、悲剧不断，导致心态更加不好，恶性循环。

从基因上来看，我的脾气应该是非常大的，因为我爸的脾气堪称又倔又火爆，小时候的我就展示出了这一特质，自己摔倒，绝不自己爬起来，一定要让我妈抱起来，如果抱我的人是姑姑，那我一定从哪儿跌倒就再从哪儿趴下，倔到极致。用我妈的话讲，幸好来上海了，否则以我们父子俩的脾气，得天天打架。这几年来，我的心态越来越好，几乎没和人红过脸，也极少跟家人拌嘴，曾经还有同事说我是超级大暖男……

我在心态上的变化足可以证明，积极正向的心态是可以培养出来的。

我的头马好友 Maggie，大学毕业后进入了上海通用汽车公司，工作职责跟大学专业毫无关系，但是她一干就是 12 年，从刚开始时在车间翻三班，到每两年晋升一级，轮岗过三大部门和六大科室，现在已经做到了总监级别。我问 Maggie 她是怎么做到的？她说，最重要的就是转念心态。

过程中遇到很大困难，她的心态是：前面有阴影是因为背后有阳光；

遇到不给支持的领导，她的心态是：积极主动才能够换取更多信任；

遇到不太给力的队友，她的心态是：乱世出英雄，能者总是要多劳；

遇到能力不足的下属，她的心态是：帮别人也是锻炼领导力的机会。

坚持星友 Lucy 为了让刚生完宝宝的自己更开朗，决定在 2016 年践行不抱怨。通过有意识地观察，她发现自己每天都会无意识地抱怨几次，心情不好时甚至抱怨几十次。她慢慢尝试不把抱怨的话说出来，但这些话却在心里喋喋不休，更加痛苦。经过一段时间的感受，她发现了抱怨背后的原因是从小受到妈妈的影响，于是她忍着跳出舒适区的痛苦，把强势的抱怨变为真诚的表达，敞开心扉，告诉别人自己的感受，说完后，竟然有种解脱的畅快感。这个做法让她的心境开阔了很多，抱怨问题也被有效缓解了。

坚持星友张学垠从中医的角度阐述如何把负能量转化为正能量，也很有效，他说：“正能量与负能量是同时存在的，负能量积累到一定程度的时候，正能量必然爆发，反之亦然。

正能量与负能量之间是可以相互转化的，你在一个正能量的圈子里，心中的黑暗面就无法藏匿；若身处一个负能量的圈子中，自身的正能量就显得势单力薄。时下常用的一种说法是消除负能量，用一个不太恰当的比喻：消除负能量，就像西医的抗生素或者手术，能不能解决问题？能！但太过直接的后果就是会带来一些硬伤或者副作用。如果用中医的思路该怎么做呢？一方面，不排斥负能量，找出产生负能量的根源或者环境，改变或者离开这个环境，例如加入类似坚持星球这样的正能量社群；另一方面，改善提高自己的体质，积累正能量，养足正气，孟子曾说：'养吾浩然之气。'正气足了，自然邪不压正。"

我自己还使用过一个有效的方法，不管遇到什么事情，只要做几次深呼吸，闭上眼睛感知一下自己的内心，就会感觉好很多。有一次跟朋友下电梯，开门后一只狗扑了进来，吓我们一跳，朋友向后退时差点把我的手机撞到地上。朋友开始抱怨，说狗主人怎样没素质，非常气愤，甚至说要把狗给宰了……我说，停，你现在发脾气是那只狗对你造成的第二次伤害，不要想那只狗和狗主人，做几次深呼吸，然后回归自己的内心，他照做后，情绪果真恢复很多，他自己都觉得很不可思议。

由此可见，积极正向心态的培养方法就是：从自己需要培养开始，从一次转念开始、从一次不抱怨开始、从一次获得正能量开始、从一次回归内心开始，或者，从实践这本书开始。

(3) Input：输入和 Output：输出

假设自己是个大水槽，一个水龙头进水，一个水龙头出水。如果只出不进，水槽很快就会干涸或变臭，比如大学毕业后再也不学英语，英语基础就会慢慢蒸发，突然有一天你会发现连老本都没得吃；如果只进不出，水就会溢出来，浪费掉，比如自己天天闷头看书，从不和任何人分享交流，就无法将所学知识转化成技能，也许永远不能真正提升。最好的状态是，进水和出水的速度相当，这样才能保证水槽里的水永远是活水，这样的水槽才是健康的。输入如进水，输出如出水，健康和心态如催化剂，这样才能加快新陈代谢，让水槽充满生命力。

请记住，输入是为了输出，衡量输入是否有效的标准是：能否进行有效的输出。在这个信息爆炸的时代，我们每天可以输入的内容太多太多，各种文章、各种资讯、各种书籍、各种节目、各种游戏，但我们要清楚，这么多的内容，哪些是有助于我们输出的。当你阅读一本书时，自己是否可以通过书中的内容提升自己展现出来的气质和内涵？是否可以把其中的道理转化为行动，去探索、去实践，然后内化成自己的技能？是否可以把书中的内容提炼出来与朋友或同事分享？如果读完一本书后，放下就忘了，这个输入就有点低效了。所以，读书时请带着这个问题：这本书可以让我有怎样的输出？做其他输入时也应该问：这个输入可以让我有怎样的输出？

我每天都读书，高峰时每周读一本，后来发现这样读效果不好，现在更喜欢区分精读和泛读，保持每年精读 15 本左右，而泛读则通过收听一些节目来进行。在读书过程中，我会持续地暗示自己，这段内容以后可以在哪里使用，这个观点我可以在哪里分享。我发现对于一本有营养的书，读一遍是不够的，我的理解能力应该是平均水平，当我读《人性的弱点》时，第一遍读完后，感觉书写得实在是太好了，可放下书后，这本书里的内容就离我远去了，我还是那个充满弱点的我。后来又读了一遍，发现了一些曾经没发现的问题，然后开始审视自己，并且尝试使用其中的技巧。当读完第三遍时，我把书中的一些内容融入了培训课中。第四遍读完，我可以把这本书开发成一门课程，分享给其他人，书中的技巧也可以融会贯通了。

很多有营养的书我都读 2 遍以上，其中《影响力》读了 3 遍，《高效能人士的七个习惯》读了 5 遍，如果在阅读过程中，可以在读书会跟小伙伴一起分享、一起消化，那效果就更好了。曾经有读者跟我说读了 3 遍我写的《演讲达人成长记》，第 1 遍读觉得像个爱情小说，第 2 遍读觉得是在教演讲技巧，第 3 遍读消化了里面的演讲技巧。

除了读书，我坚持输入的内容还有《晓松奇谈》、《罗辑思维》、《观复嘟嘟》、《TED 演讲》、《奥巴马每周电台演讲》、《吴晓波频道》、《奇葩说》，等等。

所有这些输入，都可以帮助我进行有效的输出，里面的内容可以成为我和同事或朋友交流的谈资、成为我演讲中的素材、成为我思想体系中的一部分。有一次，同事们在聊奥巴马和贝尔在阿拉斯加合拍节目的话题，我补充：贝爷说奥巴马是来自非洲的一匹高级黑马，不过，可以吃。听完大家哈哈大笑。

我个人觉得看《来自星星的你》、《太阳的后裔》等韩剧浪费时间，其实我自己也看，但我只看两集，第一集和最后一集，只要让我能和伙伴们愉快聊天就够了，不要人家提到宋仲基，我来一句：送终鸡是一种什么鸡？太阳的后裔是什么鬼？后裔不是射太阳的吗？这样人家只能把我当成二傻子。

曾经因为工作需要，我在 iPhone 上体验一款游戏，这个游戏设计得极为巧妙，巧妙到让我轻松上瘾，并为此付费。玩了一个星期，花了 50 块钱，我上瘾了，体现出的行为是——洗完澡躺在床上就想打开手机玩，而那个时间应该是我的阅读时间，在心理上，游戏的优先级占了上风。随着级别的升高，花钱越来越多，游戏也让我越来越上瘾，越来越难以割舍。当这款游戏让我可以输出的内容够了之后，在第 10 天的晚上，我果断长按这个 App，选择删除，弹出窗口问是否保留数据，果断选择：No。这个游戏从此离开了我的世界。

比较输入和输出，输出是核心，因为人的价值是由可以输出的价值来决定的，决定一个人收入的高低取决于他可以为公司创造出来的价值。能够流芳千古的人不是因为读了多少本书，而是因为他们的输出，比如孔子、老子、孟子以及很多著名的诗人，马丁·路德·金做出了精彩的演讲“I have a dream”，其他伟大的人通过自己的输出改变了世界，所以说，输出才能把思想传递给更多、更广的人。

为了更好的输出，我们需要持续的输入，当有输出的目标时，我们会输入得更快更好，比如为了唱歌的中气更足而去跑步，我称之为以输出带动输入。我的输出主要有 6 个渠道：跟朋友聊天 、演讲 、课程开发 、培训 、写作 、带团队，这些也是体现我自己价值的地方。到现在，我在头马做了超过 100 个演讲，1 ~ 2 个小时的巡回演讲也做了差不多 100 个，开发了约 10 门课程，授课 200 天左右，文字写了 30 多万字，带过的团队最多时超过 60 人，这些输出带动我进行了大量的输入。在约见重要的新朋友前，我一般会做一些功课，看一下对方的朋友圈和微博，了解一些对方相关行业的情况，这是对人家的尊重，也可以让我们的沟通更愉快；在准备演讲前，我会有意识地去经历更多、去通过不同方式输入演讲素材、去更细致地观察生活；写书的过程同样如此，我对周围一切跟这本书有关的人、事物都变得更加开放和敏感，不再是那种麻木的感觉；开发一门领导力的课程，往往需要阅读 10 几本和领导力相关的书籍，你要知道，这样的书不像《笑傲江湖》那么好读，但开发课程这个输出就可以让我读下去，并快速吸收。这些都是以输出带动输入的妙处。

你的输出渠道有哪些呢？如果渠道太少或太窄，就去找更多和更宽的渠道吧，输出才是王道。

现在，你知道应该坚持做什么了吧？做可以累积的事，做有挑战的事，还有，每天要 HAIO。

※ 如何让自己行动起来

对于我们来说，做一件事情往往有两个难点：一个是启动，另一个是启动后的坚持。这两点更难的是启动，就像驾驶一辆汽车，最费劲的就是启动阶段，这个时候摩擦力最大，物理上叫静摩擦力，我称之为启动摩擦力。这也可以解释为什么我们明知道做一件事对自己特别重要，就是不愿意开始，然后明日复明日的拖延，越拖越难过，越拖越沮丧，越拖越否定自己，最终还是没有开始。就像马云说的：“晚上想想千条路，早上醒来走原路。”

你有没有发现，当自己启动一件事情之后，就很容易做下去了，比如出去跑 2 公里，最难的不是跑完 2 公里，而是迈出第 1 步，只要迈出第 1 步，2 公里很容易完成，这个启动后就容易完成的现象，我称之为行动惯性。为什么很多人疯狂追星、疯狂创业、疯狂健身……因为他们处在相对应的行动惯性中。对于我们来说，不要轻易否定任何一个人或者把任何一个看似疯狂的人说成神经病，因为我们不在他们的行动惯性中，无法理解他们的感受。

值得注意的是，行动惯性需要被好好控制，否则它很可能出现在低累积的事情上，因为启动低累积的事情更加容易，这就是为什么我们朋友圈一刷起来根本停不下来的原因；或者本来想在淘宝上买一双袜子，结果又莫名其妙地买了一堆衣服和鞋子；还有在一段时期内，我们都在做一些毫无意义的事情，精神不振，自暴自弃。这些都是因为陷入了消极行动惯性中，结果就是离理想中的自己越来越远。

因此，我们要想办法不启动低累积的事，比如不要打开负能量或毫无营养的论坛，不去看肥皂剧的第一集，而是想办法启动高累积的事情，进而让自己处在积极行动惯性中，这样才能靠近理想中的自己，但启动这些事情的摩擦力相对更大，这也是拖延症的根源之一。那么，如何突破这样的启动摩擦力呢？我给你 8 个有效的突破方法。

1. 当你纠结要不要做时，那就去做

拖延症患者最典型的“病症”就是纠结，纠结不仅会消耗我们大量的能量，最可怕的是，纠结的结果往往是放弃。我希望你给自己植入一个价值观：当你纠结要不要做时，那就去做。

我在刚加入头马不久时，工作很忙，总纠结要不要去做演讲，其实我心里很清楚，工作忙只是自己不想做演讲的借口，当时的一位名叫 Beate 的德国会员说：When you confuse do or not，just do it。当你纠结要不要做时，那就去做。这句话深深影响了我，当时我果断预约了下一次的演讲，讲完后，神清气爽。从那儿以后，这句话成了我的价值观。

对于一位头马会员来说，从预定演讲到完成演讲，心理过程往往是这样的：预定前，纠结，给自己找各种借口：身体不适、工作太忙、没时间准备、失眠健忘、牙疼；预定演讲后，想要取消这个演讲，又是一堆借口，只有演讲前一天晚上状态最好，顺利写出演讲稿；来到俱乐部，更加紧张，在自己上台前，其他人的演讲内容都听不进去，脑子里想的全是自己的演讲；上台后，没讲几句就不紧张了，然后越讲越兴奋，甚至不想下台；讲完后，无比兴奋，完成了一次自我突破，想再预定一个演讲，然后又开始纠结……

这个心理过程和做其他很多事情一样。纠结，会消耗我们大量的能量和大量的时间，如果没做，可能会后悔，错过了一次体验人生美丽风景的机会。When you confuse do or not, just do it。当你纠结要不要做时，那就去做。必要时，逼自己一下，立刻马上开始。

2. 降低启动成本

为什么 iPhone 如此受欢迎，很重要的原因是操作简单，连 2 岁小孩都可以操作；为什么我们更喜欢用支付宝、微信和 Apple Pay 付款，因为简单，不需要带钱包；为什么现在的产品做得越来越傻瓜化，美图秀秀的用户远远超过 Photoshop，还是因为简单。有些人说，这是因为人太懒了！没错，就是懒！我也很懒，我也喜欢操作简单的高科技产品，懒是科技发展和人类进步的重要驱动力之一。

如果做一件事情需要做的准备工作太多，往往会让我们难以启动。比如健身房离公司和家都很远，而且去健身房还要带一个运动包、还要换衣服、健身完之后还要洗澡、然后再换衣服、再把包拎回家……我们会发现自己越来越不想去健身了，因为健身的启动成本和结束成本太高。

如果可以选择，请降低自己的启动成本，想健身不一定要去健身房，网上有那么多的视频教程，健身设备也越来越简单化，我们完全可以在家里运动起来，利用自己的身体重量，俯卧撑和仰卧起坐说做就做；读书的启动成本也可以被降低，多年以前，买书只能去书店，我上高中时，想买到好书需要坐 2 个小时车到北京西单图书大厦，现在买书可以通过当当、亚马逊、淘宝或京东，一般隔天就到了。我最喜欢的工具是装在 iPad 里的 Kindle，只要想看什么书，直接上亚马逊，一键下单，一分钟后就可以开始阅读，大大降低了启动成本。

3. 启动前不要想着追求完美

如果我们在做一件事情之前，一直想着把它做到非常完美，做到前无古人后无来者，做到震惊世界，这件事就很难被启动。

我以前遇到过这样的麻烦，准备写一篇文章，然后想着这篇文章要多么惊艳，但是怎么构思也出不来，总是离期望值甚远，最后就不了了之了。后来发现，我不想着这篇文章要多么惊艳，就是动笔去写，神奇的事情发生了，在写的过程中，脑海中会闪现出很多灵感，最后写出的文章还是很满意的。写书的过程也是一样，面对一篇10万字的大文章，更是难以启动，其实写书没有那么难，想好了一个大致框架，然后直接动笔，整本书的结构体系会越来越清晰，写书的过程中会遇到各种相关的人、经历各种相关的事，随之脑海中会不断产生新的灵感，再通过不断地修改，一本书就完成了。

我看过很多头马全国演讲冠军的稿子，冠军演讲稿从第一遍写完到最后演讲，往往要改上几十遍甚至上百遍，很多稿子到最后只剩下题目是一样的了。让一位演讲者从一开始就写出一篇全国冠军级别的稿子，基本上是不可能的，演讲比赛的魅力就在于——随着不断的迭代，一次比一次更好。

我们不要在做一件事情之前，一直想着把它做得很完美，否则会发现无从下手。而是直接开始做，甚至从丑陋中开始，在做的过程中，通过迭代，让它变得越来越完美。我相信时间是有力量的，只要在行动的路上，今天解决不了的难题，明天可能就会想出对策。今天思路全无，明天可能思如泉涌。在丑陋中开始，在坚持中绽放。

4. 创建自己的启动仪式

启动仪式发生在启动之前，启动仪式发生后，行动自然开始，这也是一个挺有效的方法。

我在跑步之前，会换上全套跑步装备，鞋、裤、上衣、手机袋、耳机（穿戴都很简单，启动成本不高），立刻就能感觉到充满活力，然后开始跑起来。换上装备是我跑步的启动仪式。

有个朋友进入工作状态的启动仪式是把桌子收拾干净，与他相反的是，另一个朋友的启动仪式是把桌子搞乱……启动仪式因人而异，你也可以培养自己的启动仪式，比如准备好墨笔，然后开始写毛笔字；打开 Word 并写下两个字“日记”，然后开始写日记……

推荐一个时间管理工具——番茄时间，每个番茄时间是 25 分钟，在 25 分钟内专注做一件事，结束后休息 5 分钟，番茄时间开启的那一刻，就是自己的启动仪式。App Store 里面有很多番茄时间工具，比如“疯狂番茄”，还有把番茄时间和 To do list 结合起来的“番茄土豆”，如果你连下载 App 也嫌麻烦，最最简单的方式，可以在手机上设定一个 25 分钟倒计时。

你也可以自己准备个硅胶手环，起名为 HAIO 行动手环。

戴上 HAIO 行动手环可以成为你的启动仪式。当你想要行动时，就戴上它，然后启动，并专注于这个行动，完成之后就把手环摘下来。比如，你想写一篇文章，却又犯了拖延症，果断戴上手环，用这个仪式来开启写作的行动，然后避开其他干扰，让自己沉浸在写作的氛围中，顺利写完文章之后，摘下手环，准备下一场仪式。

你也可以一直戴着 HAIO 行动手环，想要启动 HAIO 中的任何一项行动时，就可以换只手带，行动结束后，再换回来。当你情绪失控或者抱怨时，就把手环换到另一只手，提醒自己刚才的不应该，提醒自己要平复情绪。

让生活充满仪式感，可以帮助我们更加有效地克服拖延症，愉快启动。

5. 设置截止点

思考一下，你的学生时代，尤其是大学，哪个时间段的学习动力最足？那必须是考试之前，5 天把 5 个月课程学完的速学能力都是在那几天锻炼出来的；工作时，让你负责一个项目，哪个时间段的输出效果最好？那必须是项目中的一个个检查点之前；头马会员有个共性，假设周六早上要做个演讲，往往周五晚上灵感最多，稿子一般都是那个时间写完的。

不管是考试、检查点还是演讲当天，都是做完一件事情的截止点，而我们的启动动力，也是在截止点前达到峰值。为了获得战胜启动摩擦力的动力，我们可以在截止点上想想办法。

这本书里的故事很多，我在跟写故事的朋友约稿时，会告诉他们截止点在第 7 天，有人问："时间这么紧啊？"我说："我知道你会在截止点的前一天晚上写完，如果我跟你说没有截止点，想什么时候写完就什么时候写完，可能你就写不完了，如果我说截止点在第 30 天，那么你很可能在第 29 天晚上或第 30 天写完，所以，早死早超生，7 天后发给我就行了。"后来我发现，他们基本都是在第 7 天把稿子交给我的。

作为头马亚洲区顾问，需要给亚洲包括日、韩、印度、斯里兰卡等多个国家的大区区长打电话，一想到要听到各种味道的英语口音就头疼，不想打，却又不得不打，很容易产生拖延焦虑，所以我给自己一个星期时间，将打电话的截止点设置在第 7 天晚上，然后，到了第 7 天的下午，我把电话一个个打完后，立刻有种压力释放的畅快感。

我们可以像做项目一样，给自己的行动设置截止点，比如坚持演讲 30 天、早睡早起 50 天、钢琴挑战 100 天……在大的截止点中间设置多个小截止点，比如弹钢琴，设置好 1 个星期的小截止点需要达到什么程度，1 个月的小截止点需要达到怎样，2 个月的截止点需要达到怎样。截止点最好不要只有自己知道，也需要让其他能让自己产生动力的人知道，比如我提前发邮件告诉大区区长们，会在什么日期之前打电话给他们，由于不想失信于人，这个截止点就给我带来了能量。

例：写书的截止点

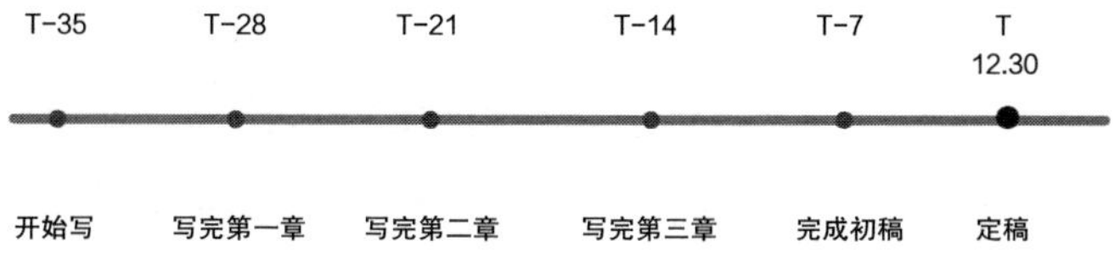

设置合理的截止点，不要把自己逼得太紧，如果完成一

件事需要10天，而我们设置的完成截止点是7天，可能会让我们感觉因为无法完成而彻底放弃；所以要留一些缓冲时间，但不能太松，本来10天就可以完成的事情，截止点可以设为11天，而如果设在了20天以后，就会造成效率低下，犯了拖延焦虑的毛病，害人害己。

6. 愿意付费，购买动力

头马的俱乐部类型主要分为两种，社区俱乐部和公司俱乐部，比例接近一半一半，你知道的500强公司，基本都为员工建立了头马俱乐部，以此来不断提升员工的能力。

有些公司福利很好，不仅为员工成立了头马俱乐部，还为员工缴纳了会员费，非常好。但是，我发现，出现运营问题的俱乐部大部分都来自那些为员工付费的公司。在这些俱乐部，会员的参与度不高、流失率却很高。这个现象很容易理解，当公司为员工买单时，员工把它当成一种福利，享受不享受是我自己的事；区别于此的另一种情况是，公司成立俱乐部，员工自己付费，愿意付费的员工在内心深处是认同头马的，相信只要付出时间和金钱，就可以获得很大改变。第一种情况，当认为是福利的员工慢慢流失后，会产生破窗效应，坚持的氛围越来越差，造成恶性循环，导致愿意参加活动的会员也不来了，因为他们以为自己是异类；第二种情况，当大家都很积极参与活动时，会形成一种正向循环，因此带动越来越多的新鲜血液补充其中，共同受益。我做头马大区区长时，强烈建议公司不要为员工付头马会员费，收到了不错的效果。

作为中国人，我们已经习惯了免费，免费音乐、免费电影、免费书籍、免费软件、免费操作系统……殊不知，免费的产品是最贵的。高晓松在一期《晓松奇谈》中提到，在国家出台视频网站正版化的法规后，电影行业开始蓬勃发展，各大网站纷纷投入巨资购买版权，越来越多的人才开始流向这个产业，良性循环；而音乐产业却因为盗版严重，歌手花了几十万录制了一首歌后，马上就被盗版，盗版商赚得盆满钵满，音乐人却难以生存，直接导致越来越多的音乐人为了生存而放弃音乐。终于在 2015 年，国家出台了相关政策，要求音乐正版化，QQ 音乐、虾米音乐、酷狗等音乐服务公司纷纷投入巨资购买版权，音乐产业才终于迎来了春天。我觉得，正版化的推行，是中国的一次巨大进步。

作为一名创作者，我非常理解创作的不易，当创作者可以看到因为创作而实现富足的希望后，会有更强的动力创作更好的作品，这才是一个良性循环。而作为消费者的我们，可以为了优秀的内容而付费，比如课时费或者会员费，而付费也意味着我们真正喜欢，意味着对于他人辛苦劳动的感谢，意味着我们对于行动的承诺，当然，也意味着我们更容易克服启动摩擦力。

除此之外，付费可以节省我们很多时间成本和能量成本，帮助我们快速、有效地提升自己。

有位英语不太好的朋友为了翻译一篇文章，急得头疼，我告诉他去网上找人帮忙，没花多少钱，文章就被翻译好了；不收费的社群往往难以持久，要么进来太容易不珍惜，要么进来一群打酱油的人，当社群门槛提高后，小伙伴们的参与热情反而提高了，而且更能相互正影响；有些头马会员觉得每周去一次俱乐部提高得比较慢，那可以付费去参加资深头马会员的课程，可以大大节省成长的时间……付费除了可以降低精力成本，还能提高我们的放弃成本。

总之，投资自己，永远正确。

7. 玩一把坚持当铺

当铺我们都知道，当掉自己的物件，换回金钱，有了足够金钱后，再赎回自己的物件。我曾经在坚持星球做过一个叫“坚持当铺”的实验，坚持当铺刚好反过来，是我们当掉自己的金钱，换回坚持能量，通过坚持行动，再赎回自己的金钱。

当时，有6位小伙伴报名参加坚持当铺，分200元，500元，1000元三档，大家自由选择，把对应的钱通过微信AA收款的方式集中到一个熟悉的小伙伴手中，每个人确定自己要通过坚持来培养的一项核心习惯，以7天为一个周期，7天内，如果每天都完成任务，也就是任务完成率100%，那么金钱100%返还；如果完成了6天，那么返还6/7的钱，剩下的1/7，分给其他完成的人。

我本人选择了 1000 元档，每天任务是跑步 2 公里，这个对于我来说挑战不是很大，但是，那几天非常特殊，不是大姨夫来了，而是下了好几天雨，每当想放弃时，潜意识就开始提醒我：喂，去赚你的 1000/7 ≈ 143 块钱！一咬牙一狠心，雨跑，7 天任务全部完成，1000 块钱悉数赚回。

下面分享其中三位坚持当铺参与者的感受：

刘海涛：本来平时时间是有保证的，周末时间反倒得不到保证，但想到不完成就要分钱给那几个人，跟割肉一样啊，于是周末下午趁孩子睡觉，还是努力完成了。我的任务是每天阅读一篇英语 BBC 新闻，整理五句话和注释哦。

顾铁群：从 7 月 22 日到 28 日 7 天时间，和龙兄打赌每天完成 10 分钟平板支撑。结果：7 天全部完成！有一天还超量到 16 分钟，而且是在每天之前运动 2 小时的前提下。

平板在这之前也有练习，不过断断续续效果总不是太好。可这 7 天挑战慢慢改变了我的认识，每天的运动有了更多意义，运动竟然可以赚钱！无意识地开始自发运动，而且带动身边好几个同事一起做平板支撑，一起趴一起流汗。从被监督到监督他人，每天的成就感也得到提升，进一步影响到生活的其他方面。与家人沟通更顺畅、工作更积极、处事少拖拉、睡觉自然醒，这都是短短的 7 天挑战带来的效果。

神秘水草：我每天的坚持计划是一杯酸奶、两份水果，很简单，但有一天没有完成，主要原因是时间安排不当。回来得比较晚，回家后又忙于其他事情，快睡觉的时候才想起来没有喝酸奶、吃水果。其实，也可以立即去吃，但考虑到睡前吃太多不消化，如果要吃，就得晚睡，所以没有完成。我的理念是不能靠延长时间来完成行动，而要不断优化时间安排。比如，我可以一回到家就立马吃水果、喝酸奶，避免睡前想起来再做。所以，愿赌服输，给自己一个教训，任何时候心中都要记得坚持计划，不断调整时间安排，坚决不占用休息时间，加油！

以上几位参与者的感受是不是很受启发？你也可以选择跟朋友一起玩坚持当铺，然后相互监督，没坚持下来被扣掉的钱分给坚持下来的人。开始玩之后，你会发现自己很容易启动。

8. 把钻戒丢过栅栏

除了坚持当铺，为了克服启动摩擦力，我自己更多使用的方法是“把钻戒丢过栅栏”。这么理解，在我面前有个栅栏，我觉得自己翻不过去，那就翻不过去了，但如果把自己心爱的 1 克拉钻戒扔到栅栏对面，我一定可以翻过去。

2008 年底，我所在的上海第一演讲俱乐部决定于 2009 年 4 月 11 日举办 10 周年庆典，是一整天的全英文活动，预计 300 人参加，规格很高。在一次筹备会议中，俱乐部主席问我们一个问题：谁想做庆典主持人？

当时的我从来没做过主持人，英语水平也上不了台面，但我心里清楚，一旦举手报名，就意味着把钻戒丢过了栅栏，这个钻戒是我的面子和责任。而一旦我把钻戒丢过了栅栏，就意味着我会在接下来的4个月中需要玩儿命提升主持能力和英语水平，丢还是不丢？

我怯生生地举起了手，还没看清其他会员的反应，主席说："那就这么定了。"后来有位资深会员愤怒地挑战这个决定，说我的英语太差，不能让我做，但被主席挡了下来，她说相信我可以把这件事情做好。于是我丢过栅栏的东西又多了一份主席的信任，我因此产生了极强的捡回这些东西的坚持能量。

从那天开始，我主动联系了上海几乎所有的头马俱乐部，询问自己是否可以在他们的活动中担任主持人。这是一件需要不要脸才能做出来的事，好在头马是一个相互支持的大家庭，每个俱乐部都接受了我的申请，于是我就开始一家一家地拜访，一次一次地做主持人。

还记得第一次做主持人时，我只知道感谢上一个人、欢迎下一个人，即使这样，也把我紧张得够呛。后来我收到很多人的建议，我明白了，主持人需要承上启下，给上一个人做个总结，再介绍下一个人，让上一个人在掌声中坐定，让下一个人在期望中上场，慢慢的，我变得越来越淡定从容。印象中，在当时的4个月中，我大约做了50次主持人，平均每周拜访3家俱乐部，有的俱乐部甚至拜访了3次，在行动的过程中我领悟到，主持人要做的事情是控场，想让台下的观众笑，大家就会笑，想让台下的观众思考，大家就可以安静下来。

经历了4个月的量变，我的英语和主持能力实现了质的改变，4月11日当天，跟搭档完美合作，成功地把丢过栅栏的东西捡了回来。这段经历还有一个意外收获，质变过程中所提升的控场能力为我以后做培训师打下了坚实的基础。

如果你想学跳舞，却担心自己还没学会就放弃了，很简单，去跟老板或同事一起报名在公司年会上跳舞；如果你想每天跑步，却担心自己坚持不下来，很简单，去跟爱跑步的同事一起报名马拉松或半程马拉松；如果你想快速提升英语能力，很简单，去报名一个重要的英语考试。这些都是把钻戒丢过栅栏的方法。

有两点需要注意：

1. 钻戒别丢得太远，否则可能捡不回来。比如在朋友圈宣布，一周后出版一本书，你很可能无法完成。

2. 钻戒的分量要重，否则不想去捡。比如告诉几位刚认识的朋友自己要减肥，去捡的能量可能就不够。

如果钻戒分量太轻，或丢得太远，就不要把钻戒丢过栅栏，否则可能让自己习惯性放弃，得不偿失。

坚持星友 Steven 曾经用丢钻戒的方法培养了早睡早起的习惯，他说："以前的我一直有晚睡晚起的坏习惯，总感觉自己每天的精神状态非常差，人特别容易疲劳，整个人都无精打采的。睡眠质量也不好，入睡很困难，第二天起床后总会发现有黑眼圈。后来在坚持星球每天坚持 6:15 ～ 6:30 起床，起床后在群里打卡，晚上努力在 11 点前睡觉。其实刚开始的时候还是有起伏的,由于惰性所致甚至想放弃和退群了。听龙兄分享完‘把钻戒丢过栅栏’的方法后，我给自己制定了一个计划：在朋友圈里公布连续 28 天早睡早起，并坚持每天一早醒来更新状态。当时每天都会有很多朋友点赞和鼓励，就这样，在朋友们的监督下坚持了下来，并培养成了习惯，这要感谢龙兄的理论指导，让我在真实生活中体验了一把退无可退必须坚持下去的感觉。坚持早睡早起半年后，感觉自己的精神状态发生了很大变化，每天起床后都精神饱满，原本冬天特别怕冷的我现在到冬天也不怕了，每天工作都比以前有活力，整个人都有了精气神儿！而且发现我的指甲上更是出现了告别已久的小太阳，让我感觉自己比以前更健康、更有活力了。到今天，我已经坚持早睡早起 600 多天了，我想，早睡早起会成为我一生坚持的好习惯。”

※ 做行动的超人

现在，我们已经知道了自己应该做什么，以及如何开始，那就行动起来吧。行动过程中，了解以下 4 件事，会让你事半功倍。

1. 制作自己的“HAIO 量到质变表”

这个方法源自 2013 年我在公司组织的“小行动大成就”成长项目，也就是通过坚持每天做一件或几件小事，来实现量到质的改变。项目使用的工具就是一个简单的表格，参与者可以根据自己的情况来进行个性化设计，可以直接使用电子版，也可以打印出来贴在办公桌上或家里，实践证明，打印出来的效果更好。神奇的是，从决定设计量到质变表那一刻开始，就能感觉到一股让自己兴奋起来的能量，请你一定要亲自体验。

以我一周的量到质变表为例：

HAIO量到质变表

2016年第40周	星期一	星期二	星期三	星期四	星期五	星期六	星期日
健康							
60个俯卧撑	☑	☑	☑	☑	×	☑	
3公里跑步	×	☑	☑	×	☑	×	奖励
2分钟Plank	☑	×	☑	☑	×	×	
心态							
不发脾气	☑	☑	×	☑	☑	☑	
不抱怨	☑	☑	☑	☑	☑	☑	奖励
日行一善	☑	☑	×	×	×	☑	
输入							
30分钟阅读	☑	☑	×	☑	☑	☑	
60分钟收听订阅节目	☑	×	☑	×	☑	☑	奖励
输出							
写一篇文章	☑	☑	☑	☑	☑	☑	
做一个演讲	☑	☑	×	×	×	☑	奖励

第一优先级：其中一项核心计划（核心计划为健康、心态、输入、输出中的第一项），如每天写一篇文章，每天必须、必须、必须完成。

第二优先级：另外三项核心计划，如“60个俯卧撑”、“不发脾气”、“30分钟读书”，每天尽量完成。

第三优先级：其他项，如2分钟平板支撑等，看心情和状态决定是否完成。

所谓核心计划，是指每天需要完成的最重要的行动，完成这项行动意味着，它可以带动我们更好地完成其他有价值的行动。比如我在写完一篇文章后，一整天都神清气爽，状态特别好。

量到质变表已经迭代了几次，从最早的每个月一张表格，到现在的每周一张；从最早的只要想做什么就往上填，到后来控制在三项以内，再升级到现在的围绕“HAIO——健康、心态、输入、输出”四个方面，每个方面设立一项核心计划以及不超过两项其他计划。

每周可以给自己安排一天时间休息，奖励一下如此努力的自己，当然，你也可以选择继续坚持，因为行动也能带来很多快乐。

根据实验，做完第一优先级的事情，会提供给我们更多能量来完成第二优先级的事情，然后又进一步给我们能量去做第三优先级的事情。

每个人都希望让自己变得更好，“HAIO 量到质变表”可以让我们看到改变的希望，希望会给我们带来前进的能量，再加上行动所带来的快乐，会让我们感觉每天都很充实有力。

每个月 4 张充满勾叉的表格，每个季度 13 张，每半年 26 张，一年下来 52 张，把这些表格订在一起，就是自己这一年的量到质变轨迹。

坚持星友 Cherry 曾经说过：“每一次，当我给新员工培训职业生涯规划，拿着龙兄设计的‘HAIO 量到质变表’作为案例分享给大家的时候，所有人都会啧啧钦佩。于我而言，回头去看这些经历，就如同一步一个脚印般踏实而坚定。每一次，在要面临更多挑战的时候，我都会告诉自己——不要和我比坚持，我相信，我比你们都能坚持。这样的心态，让我变得越来越淡定、越来越从容。”

2. 行动中保持极致专注

跟东尼·博赞老先生吃午饭时，一位同行小伙伴拿出手机准备拍照。你是否跟我一样觉得这是件极为正常的小事？结果，小伙伴刚拿出手机，就被老先生拦住了，我以为他不想让餐馆成为他拍照的背景，以为突然拿出相机拍照对他不太尊敬，结果我都以为错了。他对小伙伴说，你拿出手机会转移你自己和其他人的注意力，我们可以一边吃饭，一边说话，但如果你拿出手机拍照，大家的脑子里就会开始想拍照的事情，影响说话，即便你不拍照，只是把手机放在桌上，你的30% 注意力也会放在手机上，而如果手机响起，所有人的注意力都会被严重干扰，对说话产生严重影响，我们的大脑，需要极致专注。

没错，大脑需要极致专注，才能最高效地产出。

当你在阅读一本书时，有没有遇到过这样的状况：咦，手机响了，隔壁老王问我一个问题，我回给他，顺便刷一下朋友圈，哇！ Judy 又去夏威夷度假啦，好美哦！我也想去；Wendy 又在晒娃了，让我这个单身狗还怎么活，拉黑；老板刚养了一只猫，赶紧点赞，点赞不够，得回复：这只猫好可爱，像您一样可爱；前男 / 女友要结婚了，等会儿，我怎么还有前男 / 女友的微信？气死我了！赶紧看一篇订阅号文章压压惊，这篇文章好——《王菲和李亚鹏分手内幕》，看完这篇文章，我有点想谢霆锋了，那就看看他演的电影吧……

就这样，2 个小时不知不觉过去了，也该睡觉了……时间就是这样因为不专注而被浪费的……即便你表现得没有以上那么夸张，只要心里惦记着手机就会让读书的效果降低。

我初中毕业后，在高一分班时只排到班级第 19 名，当时我有一个很大的优势，就是家离学校很近，不需要住宿。每天上完晚自习，我回家后会极致专注地多学 1 小时，而需要住宿的同学回宿舍后就开始闲聊、打闹，不要小看每天这 1 小时，我在第一次期末考试结束后，就排到了班级第 2 名。

写作是最需要极致专注的，一旦被打扰，可能思路全乱，而且会消耗很大能量，让大脑产生特别疲劳的感觉。我最喜欢写作的地方是浦东图书馆，几乎每个周末都去，在图书馆关闭手机，忘记工作和家里的各种杂事。我发现当我极致专注在写作上时，一个上午很快就过去了，甚至可能会有一种奇妙的沉浸感，这种感觉很难形容，有人称之为心流，谁体验谁知道。

3. 充分利用碎片时间

经常有朋友问我，你每天做那么多事，哪儿来的时间？

世界上最公平的资源就是每天的时间，不管是富豪还是乞丐，每个人都有 24 小时，只是有些人把时间用成了富豪，有些人把时间用成了乞丐。

假设有一个空瓶子，往里面装满石块后，其实它并没有满，还可以继续装沙子，装满沙子之后，还可以继续装水。空瓶子就是我们每天拥有的时间，石块是我们处理重大事情所花的时间，而石块之外的空隙却被很多人忽略了，这个空隙就是碎片时间。如果说时间就是金钱，那么用好碎片时间，我们就可以成为时间上的富豪。那如何利用好碎片时间呢？下面我分享下我的时间分配方法：

（1）方便用眼睛时

由于经常出差，各种交通工具给了我很多的碎片时间。据我观察，每个航班上都有很多睡觉的乘客，红眼航班更甚。实际上，除了每天晚上 8 小时的重要睡眠和中午 15 分钟的小睡外，其他时间的睡眠既浪费时间又容易导致生物钟和内分泌紊乱，甚至影响正常睡眠。而这些时间，都是可以被有效利用的。设想一下，当别人睡觉时，我们在吸收营养，即便我们缓慢如乌龟，也有可能把兔子赢了，何况我们又不是乌龟。

在飞机上时，我喜欢阅读或备课，而且效率很高，机舱内是个很容易让人专注的地方，因为没有网络，周围都是陌生人，离家好远。两周前在往返的飞机上高效地读完了第二遍《把时间当作朋友》，试想一下，如果这个时间用来睡觉，多浪费啊！

我在需要坐班车那段时间，班车往返各需要 1 小时，据我观察，在班车上不睡觉的人，好像只有两个——司机和我，其实这 2 个小时也不受打扰，可以非常专注，我基本都用来看比较难理解的管理类书籍，跟车上的其他人比，我等于每天比他们多输入了 2 个小时。

（2）不方便用眼睛时

有时我们不方便用眼睛，比如走路或跑步的时候。没关系，咱还有耳朵啊。前面提到的《晓松奇谈》、《罗辑思维》、《吴晓波频道》等，我都是用耳朵听的，很简单，只需要下载喜马拉雅 FM。一边听高老师和罗老师神侃一边跑步，同时给自己提个醒，我要是不坚持运动，以后也会像他俩一样的，胖！多好的动力。

(3) 眼睛和耳朵都不方便时

有时我们的眼睛和耳朵都不方便，没关系，咱还有手脚啊！比如在海边旅行时，不方便学习，但可以一边欣赏美景，一边在沙滩上跑步、做俯卧撑，在各大海滩留下奔跑和俯卧撑的身影。

(4) 当眼睛、耳朵和手脚都不方便时

没关系，我们还有大脑。可以反思一下自己的不足和需要改进的地方，思考一下未来的计划或者彻底放松休息。

(5) 一边一边

利用碎片时间还有一个好方法，我称为“一边一边”法，适用于不需要专注的情境。比如我想去剪个头发，理发店离家 1 公里左右，那就跑步过去，然后在跑步和剪头发时听节目，一边去理发一边跑步，一边跑步一边输入，然后一边输入一边理发。这样还有一个好处，发型师看到我在听东西往往会放弃推销办卡。

（6）随时记录

我们的大脑会在碎片时间产生大量的灵感，我建议，只要灵感出现，马上记录在手机的备忘录中。对我来说，洗澡时会产生灵感、走路时会产生灵感、上厕所甚至睡觉前都会产生灵感，而这些灵感转瞬即逝，如果不马上记录，可能就再也想不起来了。所以，当我在洗澡时产生灵感，就会立刻关掉水龙头来记录；在入睡前产生灵感时，会马上爬起来做记录。

以上 6 点就是我分配碎片时间的方法。需要注意的是，每天的行动计划，能在碎片时间内完成的就在碎片时间内完成，千万不要拖延到最后。如果到了晚上 11 点才想起俯卧撑还没做，就不要去做了，因为做了会让身体兴奋，影响睡眠。

俯卧撑这样的运动最大的优势就是可以随时随地去做，我曾经在培训茶歇时、上班间隙时、甚至在飞机的后舱里做过俯卧撑，这样不仅可以完成每日计划，还可以正面影响身边的人。有一次培训间隙，我趴在地上做俯卧撑，引来全班男同学跟我一起做，课堂氛围也得到了促进。

除去碎片时间，石块就是我们的黄金时间了，我们可以用来处理工作上的事、参加重要活动或完成重要的任务。工作之外，最黄金的时间是上班前的 2 小时和下班后的 3 小时，这 5 个小时加上每天的碎片时间用来干什么，决定着我们的未来。

我被多次问到过，每天做那么多事情，这样的生活会不会太累了？我的真实感受是：做有意义的事，可以带给我充实感，让我觉得每天都很有价值，一点也不觉得累，甚至会时不时产生心流的感觉，整个人都是充满能量的。而让我累的是什么呢？是无所事事，是虚度光阴，是胡思乱想，是觉得这一天白过了，这个过程会消耗大量的能量。

有人曾经感慨地说："3 年前，有个朋友说我是不是有病，每天弄得自己忙得要死，跟机器人似的，看书、看书，看书有什么用啊，晚上也不跟我们一起吃饭，看我们打个牌多好。3 年后，还是这个朋友，跟我说：'我真羡慕你现在的生活啊，想做什么就能做什么，生活质量高，认识的人也多，想法都在我之上。而我们还在为生活打拼，你都可以做你想做的事情了。'"这就是长期积累带来的质变。

※ 内化实践：设计自己第一周的"HAIO 量到质变表"（格式可参照最后的附表）

※ One More Thing

这是一个最坏的时代，因为科学技术正在让人类曾经引以为傲的各种技能变得廉价，越来越多的劳动力逐渐被电脑、机器人和人工智能取代，越来越多的人因此失去工作；这又是一个最好的时代，因为中产阶级消费群体迅速崛起，互联网基础设施建设日趋完善，新的发展浪潮一个接一个，让越来越多的人抓住时代级的机会，实现了财务自由、成就自我。

对于我们来说，不管是设定目标，还是做可以累积的事、做有挑战的事、还是要 HAIO，最重要的目的是让自己与众不同，在芸芸众生中脱颖而出。

决定我们是否能够脱颖而出的，不是看了多少本书，不是听了多少演讲，不是参加了多少培训，而是我们给这个世界输出了什么，我们交给这个世界的作品是什么，重要的事情写三遍，输出、输出、输出，作品、作品、作品。

作为一位程序员，能不能全力以赴开发出一个爆款应用，哪怕很小；作为一位专业人，能不能全力以赴写出一本专业的书籍，哪怕很薄；作为一位上班族，能不能全力以赴开展一个全新的项目，哪怕很累……

在过去，可能你再牛、再努力，也没有任何脱颖而出的机会。而脱颖而出的机会，从来没有像这个时代一样均等过，也从来没有像这个时代一样多，不要给自己设限，人的潜能超乎想象，就像以前打死我也不相信自己可以写出一本书，现在我已经写出了三本，而且计划以后每年至少写一本。只要你比普通人更愿意接受挑战，然后全力以赴去做，剩下的，就交给时间和运气。

那件可以让我们脱颖而出的事，已经在大脑中排在了第一优先级，而如果那件事又是我们热爱的，我们就能坚持得更好，并且一定会让我们持续质变。

※ 故事 & 分享

◎健康：早起的力量◎

——张学垠

坚持星友张学垠，他的全职工作是太极拳教练，平时也研究中医，对于养生很有研究。说到健康，我们都知道早睡早起非常重要，但到底为什么要早起？怎样才能最有效地早起？学垠分享的方法是我见过最接地气、最有效的。

早起其实并不难，难就难在起床后应该做什么，也就是说起床后所做的事情应该是我们起床最大的动力，所做的事情越重要，对我们的人生轨迹影响就越大，对实现我们的梦想就越有帮助，而起床的动力也就越大。

有两位榜样对我的影响最大：乔布斯和李嘉诚。

1. 乔布斯

乔布斯年轻时每天四点起床，九点半前把一天的工作就做完了。他说："自由从何而来？从自信来，而自信则是从自律来！先学会克制自己，严格地控制生活，才能在这种自律中不断磨炼出自信。自信是对事情的控制能力，如果你连最

基本的时间都控制不了，还谈什么自信？”——《乔布斯传》

2. 李嘉诚

关于其工作习惯，最著名的细节是他的作息时间：不论几点睡觉，一定在清晨5点59分闹铃响后起床。随后，他听新闻，打一个半小时高尔夫，最难得的是，他打每一球时都能保持冷静。

每天早晨，李都能在办公桌上收到一份当日的全球新闻列表，根据题目，他会选择自己希望完整阅读的文章，由专员翻译。通常，这些关于全球经济、行业变迁的报道，是启发李嘉诚思考的入口。他是一个很有危机感的人，让他平衡危机感和内心平和的方式就是，提前在心里创造出公司的逆境。——网摘

而我自己通过坚持早起，又收获了什么呢？

高效的思考：我们结束一天的工作回到家的时候，常常是精疲力尽的状态，这就像全速运行了一天的电脑一样，塞满了各种垃圾：抱怨、不满、劳累，思考的速度就像老牛拉破车一样，这会对事情的理解和判断产生不良的影响。但是当你美美一觉醒来的时候，就像电脑格式化或者重启一样，思路是如此清晰，不受任何情绪干扰，所做的决断就会相对客观和准确。

高效的规划：有了充沛的精力和清晰的思路，你就能对今天所要做的事情列一个清单，并分清轻重缓急，很清楚哪些是最重要的。

高效的阅读和写作：大家有没有体验过睡前拿着本书，脑袋却像敲木鱼似的那种状态？我常常觉得睡前阅读比药物治疗有更好的催眠和安眠效果（当然每个人的习惯不同，有的朋友晚上阅读特别高效），所以我宁可早起阅读。在早起的这段时间里，我觉得被清空的大脑有很强的想象力和逻辑思维，能想出很多有创意的点子，说是想出的，其实是自己冒出来的，人就是这么神奇的物种；另外，记忆力也有显著提高，这帮助我在写作时，能够联系起很多发生在生活中的小事，从而联系起看过的书里面共同的主题。虽然迄今为止，写的文章并不多，但这已经是零的突破了，我相信只会越来越好。

高效的影响力：俗话说，出名要趁“早”。哈哈，歪理就歪理吧！人最大的敌人就是自己，尤其是人的惰性，而坚持早起，就是战胜自己的第一步，当你养成早起的习惯时，就如乔布斯所说：学会了自律，有了自律就比别人多了一分自信，有自信的人会由内而外散发出一种独特的气质和魅力——所谓的气场，气场越强，就能影响越多人。

有益于健康：《黄帝内经》是讲述中医养生最为经典的著作，其中《内经·四气调神大论》里面记载了四季养生的方法：

春三月，此谓发陈。天地俱生，万物以荣，**夜卧早起**，广步于庭，被发缓形，以使志生，生而勿杀，予而勿夺，赏而勿罚，此春气之应，养生之道也；逆之则伤肝，夏为寒变，奉长者少。

夏三月，此谓蕃秀。天地气交，万物华实，**夜卧早起**，无厌于日，使志勿怒，使华英成秀，使气得泄，若所爱在外，此夏气之应，养长之道也；逆之则伤心，秋为痎疟，奉收者少，冬至重病。

秋三月，此谓容平。天气以急，地气以明，**早卧早起**，与鸡俱兴，使志安宁，以缓秋刑，收敛神气，使秋气平，无外其志，使肺气清，此秋气之应，养收之道也；逆之则伤肺，冬为飧泄，奉藏者少。

冬三月，此谓闭藏。水冰地坼，勿扰乎阳，**早卧晚起**，必待日光，使志若伏若匿，若有私意，若已有得，去寒就温，无泄皮肤，使气亟夺，此冬气之应，养藏之道也；逆之则伤肾，春为痿厥，奉生者少。

从四季养生法中可以看到，春、夏、秋季的作息最好都是早起的，而冬天可以赖床，“必待阳光”，因为天气太冷，如果早起容易损伤我们的阳气，想想自然界中动物冬眠，植物凋零的现象，大家就会有所启发。中医强调的养生是顺应自然，跟着太阳的起落来安排我们的作息规律是最好的养生。再啰唆一点，普及些中医知识：古时的“夜卧”，不是我们今天理解的字面意思：要晚睡，在还没有发明电灯之前，古人是根据太阳下山的时间来安排睡觉时间的，这样就容易理解了，因为春夏的白昼长，所以是“夜卧”；秋冬白昼短，故而“早卧”。

如何做到早起呢？

很多朋友都知道早起的益处，也想做到早起，但总是起不来，问题就在于晚上睡得太晚，没有充足的睡眠，第二天起床的效率一定不高，而且身体容易疲倦困乏，久而久之就坚持不下去了。所以我总结了一下自身的经验，早起需要做的三件事：

1. 有目标，这是早起的源动力；
2. 早睡，保证充分的睡眠，这是先决条件；
3. 坚持至少 30 天，这是习惯养成的具体行动。

◎心态：我的心态观◎

——杨祯慧

杨祯慧是我的头马好友，英文名 Maggie。大学毕业后她进入了上海通用汽车公司，工作职责跟大学专业毫无关系，但是她一干就是 12 年，从刚开始时在车间翻三班，到每两年晋升一级，轮岗过三大部门和六大科室，现在已经做到了总监级别。

一切因果皆源自心态，职场更是如此。我在职场中的累积，都是因为我的心态观。听到身边太多的人抱怨：我的领导弱爆了，我的队友真是猪一般，下属太不给力了。只要身边 360 度任何一度出现了问题，就有了离职的理由。世界在你眼中，想象都是美好的，就像一个少女憧憬爱情一样，但步入婚姻开始过日子后，仍然逃不过柴米油盐。

任何一件事，在开始之前，我会想好最好和最坏两个结果，都能接受的前提下，欣然去做，所谓尽人事，听天命。过程中遇到困难，我的心态是：前面有阴影，是因为你的背后有阳光；遇到猪一样的队友，我的心态是：乱世出英雄；遇到不给横向支持的领导，我的心态是：利用沟通技巧，主动出击，延伸更多触角，靠自己争取来的资源和人脉价值比领导轻轻松松打个招呼更有价值。

心态观除了对待困难外的自我坚持，还在于“不比较”的外交政策。职场上很多自我驱动类人才开始减速、懈怠的时刻就是从“比较”开始的，那一刻你知道了没你聪明的人工资比你高，那一刻你知道了没有你努力的人绩效比你高，那一刻你加班很辛苦却没有被表扬……我渐渐在职场上学会了不比较，很有可能我也比聪明过我的人工资高，那要看如何给聪明下定义。不努力的人绩效比我高，你可能不知道他成功为公司解决了一件危机公关的事情，这个世界努力和绩效不一定成正比；你加班了，是不错，推进了业务，说不定领导正在更艰苦地出差谈合作，你加班是为了得到表扬吗？这些都是不能比较的，因为别人的情况你掌握不了，与其和别人比较,比较下来又被表面现象搞得不爽,开始成为职场上的“树熊”，不如以终为始，就像加班的目标不是为了得到表扬一样，不如想想在职场当下的目标是什么？

我做了 4 年物流规划和项目管理后，渐渐发现循规蹈矩不是我的职场目标，市场和创意才是我可发挥的长处。奔着这个目标，当机会来的时候，又面临了新的问题，虽然那里可以发挥我的能力，但那个职位编制比我当时级别低，降级去吗？我只考虑了一个晚上，没有让对方领导难做，我说我来。追求梦想的路上，总是布满荆棘，可原部门领导不愿意放我。我虽然很沮丧，但我的心态说：说不定留下也会有好的发展，谁知道呢？于是我留下来仍然继续努力工作。大概是越善良越幸运吧，半年过后，芝麻开门了，老部门领导说，我被你感动了，后续人员招聘好了，你就去市场部吧。惊喜来得太快，当到了市场部，高岗位有空缺，新领导第一时间给我升级，比原来岗位还高，并表示：你是第一个愿意降级过来的人，知道自己目标比计较得失更重要……

工作中有很多二传手，或者根本不传直接拒绝的，理由很简单，流程上不是我负责的，我的岗位职责描述没有啊，我做了这个也不会多加工资啊，等等。理由都很对，但我的心态告诉我：职场上，吃亏就是占便宜，做人拼人品，人脉关系会让你事半功倍。HR、党委、团委、工会、年会组织都是需要志愿者的地方，这是很棒的积累公司行政部门人脉的地方。由于过去的积累，当我创办上海通用双语头马俱乐部时，我得到了资金、场地、演讲嘉宾、摄影、摄像、招募会员等各项便利。虽然演讲俱乐部与我职业没有直接关系，但多多少少，在我带领俱乐部中展现出来的运营管理思路还是对以后的升职有加分的。当你没有付出第一步的时候，别指望别人对你抛出绣球，当你没有建立平台的时候，别指望平台从天而降。由于自己的心态观：做问题的终结者，而不是传递者，职场的路会越来越宽。你给公司创造了平台，公司自然也会为你搭建平台，而且你的平台会和你的生活融为一体，这样的坚持是一种良好的双赢习惯。

在培训新团队时，我给他们上的第一课就是：过去的某一点积累和善行都将会作用于未来的所有作为，未来你的伯乐很可能就是若干年前你不经意间提供帮助的那一位。

年初，我的一位老部门领导，其实也没有直接带过我，给我打了一个电话，说他在母公司负责一个全新转型项目，需要营销与联网运营带头人，问我是不是愿意过去？我说很久没联系，那么高的职位是不是得面试一下呀？他说，不用了，你以前做事的风格我们都知道。这种信任，我觉得是对我良好心态以及坚持的回报。

回忆这12年在上海通用的职场经历，任何一段在心态上处理不当，都不会让我变成现在的我。

◎输入：爱读者宣言◎

——虞莹

在龙兄身边有很多坚持阅读的朋友，虞莹就是其中之一，她读过的书超过1000本，假设从她有阅读能力开始到现在一共30年，那么她平均每年也要读30本书以上，非常厉害。下面邀你读一下虞莹对于坚持读书的理解和宣言。

北魏道武帝与李先有一个著名的谈话，道武帝问：天下何物可以益人心智？李先答：莫若书籍。

我们的所作所为，所思所想，都与我们身处的环境有关。但有一种方式可以突破物理环境的限制，就是阅读书籍。

科幻小说《三体》的作者刘慈欣曾表达过这样的感慨："你应该认识到，世界很大，而我们生活的范围很狭小。如果一生中只在一个狭小的范围活动，就相当于你一辈子就住在一个房间里，从来没有走出过家门一样，这确实是一件很遗憾的事情。但是客观地从实际情况来看，我们又很难走出这个受生活所限制的范围，在这种情况下，我们只能从思想上开拓，接触更多的世界，接触更多的新鲜事物。"

由此可见，阅读可以帮助我们从思想上开拓，接触到更广更远的世界。通过阅读突破历史时空，既可以上达宇宙，下探人心，又可以回溯历史，探索未来。

书富如海，百货皆有，你想要什么样的阅读体验，都有相应的书给你。惊艳者有之，敦厚者有之，聪慧者有之，滑稽者亦有之。读一本好书，如见故人，如见君子。你一行一行地看下去，就好像和作者一句一句地聊天，或者索性是作者对着你一个人，讲了一个只有他知道的故事。

抚掌："你说的这句话，这句话妙极了。"

侧耳："我不想听……后来怎样了？"

托腮："高见！我也是一样。"

睁眼："从来没想到可以这样理解……感觉正走在进化路上。"

皱眉："但愿我们永远不再经历这些。"

沉思："宇宙、生命和一切问题的终极答案是……"

提笔："我有话要说，不是我要说，是它要说……我只是代笔。"

这些丰沛的感受，无穷无尽，是我阅读的最大乐趣。

我自己算是一个爱读书的人。但是工作之后，也有相当一段时间荒废了阅读。理由很大众：太忙。后来真忙起来，出差密集到爆发密集恐惧症的时候，看书反而多了起来。每次行程，飞机上用不了手机，却是最好的阅读时间。每次来回路程上可以看三本书，外加一篇读书笔记。从2011年开始，我开始做一件事：每周群发邮件，把我这周看完的书，比较推荐的书做成一个PPT，分享给朋友们。2014年起，又转战微信平台，做了一个关于阅读分享的公众号，不定期发送我的读书心得和分享。这些年来，不管是出差、休假、平日还是周末，每天看书已是生活日常。累积下来，看了1000多本书，内容繁杂，不仅有工作上的专业书籍，也有很多自己比较感兴趣的心理学、互联网技术、历史人物传记和大量杂书等。

有人质疑，这么快读书有意义么，目的何在？

阅读者众，读书方式亦众。快读慢读，都有收获，关键要看你是否乐读。晋代大诗人陶渊明说：好读书，不求甚解。他主张读书时要抓住重点，去繁就简。唐代韩愈主张精深读书，说读书务必要“提要钩玄”，北宋欧阳修要求读书持之以恒的“计字日诵”，苏轼赞成深入读书，“须得一意读之”，朱熹的读书讲究“体会、循序、静思”，清代蒲松林的读书五要：一要天天读，二要夜夜读，三要老来读，四要抄书读，五要分类读。这些都是读书高手的好方法，无分高下。

不管是坚持跑步健身，坚持阅读分享，坚持练习外语，用龙兄的话讲，都属于可以量到质变的项目。关键是要在相当长的时间里，让自己习惯安排一个明确的时间段，进行某个活动。在这里，“明确的时间段”和“时间保证”是非常关键的要素。

据说，有一种锻炼跑步的简便方法，可以使一个完全不锻炼的人成功地跑上 5 公里。方法是这样的：保证每天 30 分钟行走和跑步时间，比例不限。如果你是一个跑 400 米都要喘的人，可以先跑 1 分钟，走 29 分钟。然后，每天慢慢增加跑步的时间，从 1 分 20 秒，到 2 分钟，同时减少走路的时间。无论你多么累，你都必须要坚持每天运动总量不少于 30 分钟，直到你能够轻松地跑完 30 分钟。

读书也是一样，首先确保每天 30 分钟阅读时间，不求质（随便什么书都不限制），也不求量（每天看多少页也不限制），慢慢看，看足 30 分钟才放下。先选自己喜欢、感兴趣的书去看，提升自己在阅读上的愉悦度。看书看得开心，自然就会多看；多看之后，你会自然而然地发现更多好书，发现爱看书的群体。当然，还有其他的妙处，由于读到一些好书，发现一个新的天地；遇到一个有趣的人；创造了新的生活可能。这种感觉，如同阴霾天气中，突然云开雾散，豁然开朗，转角遇到爱。

龙兄问过我，是什么支持你这么大量的看书？你怎么能坚持看书这么久？

我一直觉得，做一件喜欢的事并不需要坚持，就如同我们不会说坚持每天刷牙洗脸，也不会说我每周坚持去看一部电影，更不可能说我坚持每年出去旅行，坚持了三十年。

答案很明显——是否能坚持某种行为，首先，取决于你对这件事情本身的兴趣和热情（内部动机）。内部动机是指每个人都有的一种原始动力，无须外在奖惩的控制，就有自发自主的行为动力。比如纯粹因为个人兴趣、探索的好奇心、解决问题的内心成就感而去阅读，这些因素就是内部动机。

其次，是否能坚持，还取决于你是否觉得这件事有意义（外部动机）。外部动机是指人们在活动中获得的评价、利益等外部影响。比如，有些人只读所谓“有用”的书，如专业书籍，外语，经济类，或如何社交、如何面试的书。书籍对他们来说，只是工具而已。试想，这样的读书态度，如果不用上学考试了，还看不看专业书？工作顺利，考证结束之后还看不看书？甚至一个人到了人生的成熟阶段，并不急于从书中寻求知识来解决困惑的时候，还看不看书？

而我尤其喜欢梁文道先生说的那段话：我们的学习不需要别人来告诉我做得好不好，甚至不是为了将来要做学问，做学者，出论文来证明学得怎样，那种乐趣本身让我觉得自己很快乐，感觉到自己的能力在增长。这种能力的增长与其说是功成名就的能力，倒不如说是一种喜欢。这是一种终身的学习，在学习的时候获得报偿和快乐是立即的、直接的。坚持阅读，甚至会带给你一种新的境界—— 一种以读书为生活方式的境界，一种享受阅读乐趣的境界，一种并不是为了什么而读书的境界。

◎输出：晨间日记◎

——西凉

龙兄第一次听说晨间日记就是通过西凉，当时他很兴奋地告诉我，晨间日记彻底改变了他。起初我还有些怀疑，每天早上起来写几分钟日记，这种输出方式这么有用？随着对西凉不断地深入了解，晨间日记的奇迹，我信了！

从小到大我似乎就不是一个爱坚持的人。很多事情，都是三分钟热情。工作后，觉得成熟后应该懂得坚持了，于是就想做出一些改变。

记得刚刚工作时，先是学画，梦想自己也能用明暗线条，用心勾画出美妙的图像来。结果10次课只上了3次，就没然后了。画板也送给了别人，梦想也随着还没挤出的颜料一起干枯了。

随后又想圆自己的吉他梦，想着拨动琴弦能打动姑娘的芳心，就兴奋地报了一个吉他班。上了5次课，玩了3个月后，吉他梦也和吉他一样束之高阁落了一层层灰，梦想就这样在一次次起航之后被搁浅了……

直到2013年3月29日，我看了《晨间日记的奇迹》，开始接触晨间日记，抱着怀疑的态度我尝试着去写。开始仅仅记录一些每天开心的事，有时候也许仅仅就是一句话、几个字。慢慢地，我开始越来越喜欢早晨和自己在一次次的日记中对话，我开始通过写日记平衡自己的生活：健康、心灵、修养、工作、人脉、财富。每天一早打开电脑，第一件事我就是写晨间日记来回顾过去的一天。做得好的地方，我为自己喝彩；不足的地方，我为自己加油，同时选择新的方法去解决。做完回顾后顺便规划好新的一天，整个过程只要5 ~ 10分钟就够了。就这样一直坚持到今天，现在晨间日记已经成了我每天早上必不可少的一个习惯。

虽然一开始的投入很少，但就这样每天几分钟的投入，却带给我很大的收获。让我从一个随波逐流的状态摆脱出来，慢慢开始在一次次的反思中，顺势而为一点点成长，让正向的能量越来越多起来。

中国古代讲，修身齐家治国平天下，在写晨间日记的过程中也越来越体会到了这一点。

修身，首先就是认识自己，只有认识自己才能更好地改变自己。每天早上的晨间日记，如同一面镜子，让我快速回顾昨天发生的一切，看看自己哪里做得好，哪里还需要改进，这样自己的内心也会更加安定，如同古人所说的每日反省。记得有句话叫“不反思的生活是不值得过的”。现在的我基本上，如果自己情绪不好、发脾气，都能很快地察觉到以及了解内在的原因。当身体太累时，心里的波动和外在的压力都能更好地及时得到调整。

齐家，我们常说家和万事兴。家庭对一个人的重要性怎么说都不为过。后方安定了，会为你提供源源不断前行的支持和动力。

花前月下和柴米油盐是不一样的。我和老婆，一个来自西北，一个来自江南；一个巨蟹，一个水瓶。性格、生活理念和习惯上的差异还是不小的，所以真正在一起生活后出现了各种各样的矛盾。但从开始写晨间日记后，每次遇到争吵和不愉快，第二天我总会在日记中反思一下。在这个过程中，最大的受益者之一，竟然是我的老婆。通过晨间日记，我不断坚持回顾改进，以前的倔脾气也改了很多，常常去感恩老婆和家人对我的理解和支持，现在老婆成了最支持我写晨间日记的人。

两个人的世界和一家三口的生活也是截然不同的。2014年3月我们有了小宝贝，一方面是新生命诞生带给我们的很多快乐，一方面我们也遇到了更多的问题和挑战。但无论遇到什么事情，我总会在第二天的晨记中反思回顾一下，一点点地去改进，这件事情让我的家庭和谐、幸福了很多。

当我真正喜欢上晨间日记，并通过实践小有收获后，我也开始去不同的地方分享，并组建了晨间日记圆梦社群。现在我们每周都有线上分享，每月有一次线下聚会。不少小伙伴因此而开始早起、成长、规划自己的人生。当小伙伴告诉我："开勋，谢谢你组织的活动，这一切对我的帮助极大！"每次听到伙伴这样说，我自己也为他们的成长和改变而感到由衷地开心。对于我自己，也从一个呆呆的工程师变成了一个热衷分享交流，喜欢组织活动，很有人缘的联结者。

因为我们自己的小小改变，持续的坚持，周围的世界也变得更加美好！

伙伴们，如果想改变，就从小小的坚持开始，比如晨间日记。有时候收获会超出你的想象，赶紧行动起来吧！

第三章 Love：热爱

如果我们喜欢做一件事，就更容易坚持下去。我曾问过袁岳老师，他为什么可以十几年如一日的每天写一篇文章，袁老师的回答是：喜欢，不写不爽，写完文章就像上完厕所一样畅快。我妈妈几十年如一日地打麻将，那也是因为喜欢，或是热爱。

能够让我们一碰就热爱的东西，真不是很多；而让我们热爱，并愿意坚持爱下去的，则更是少之又少。很多事物，尤其是对个人特别重要的，往往需要在尝试并坚持一段时间以后，才会爱上。不是因为爱上才坚持，而是因为坚持才能爱上。

对于我来说，加入头马之前，打死我也不相信会对演讲产生热爱。在我上一本书中的开头部分，主人公王闯遇到的演讲尴尬，都是发生在我身上的真实故事。我大学所学专业有点特殊，基本在每门课程的最后，都需要做一个演讲，1 个人面对整个专业的同学，时间在 20 ~ 30 分钟，80% 的演讲稿是全英文，20% 是中文，我每次演讲都是照稿读的，分数基本都是及格的边缘，大学四年，我最讨厌的东西除了微积分，就是演讲。

毕业后，我竟然爱上了演讲，这个看似不可思议的变化恰恰说明了，从不爱到热爱，是有方法的。这个方法我称为“二社四感”，即：社交、社群、参与感、责任感、成就感、愉悦感。

※ 社交

犹太人有个古老的智慧：想变得有钱，就跟有钱人在一起。同理，想变成什么样的人，就跟什么样的人在一起，想变成“大牛”，就想办法跟“大牛”产生链接。

作为成年人，如果想让自己在有限的时间内持续突破，就必须选择性的做事情，以及选择性地结交朋友。

试想一下：当你看书时，你身边的朋友说你是神经病，打打麻将多好；当你跑步时，你身边的朋友说你闲得难受，吹吹空调多好；当你创新时，你身边的朋友说你吃饱了撑的，现状不是挺好；当你心情很好时，你身边的朋友跟你各种抱怨，老板是人渣，同事是傻子，交通堵得要死；当你遇到困难时，你身边的朋友冷嘲热讽，甚至会说：“看吧，我早知道会有这么一天。”对于这样的朋友，立刻，马上，远离！

真正值得交的朋友应该是这样的：

当你做一件很有意义的事情时，他会跟你一起去切磋；
当你遇到困难时，他会给你鼓励，然后给你出谋划策；
当你需要资源时，他就变身为中介所，给你张罗资源；
当你坚持不下去时，你一想到他，就会重新获得能量；
当你不知道如何做时，看看他，就能找到前进的方向；
……

我承认，上大学的时候，有点鄙视选择性交朋友的人，刚上大一就去跟大三大四的人混在一起，刚上大二，就去结交社会上的人，我觉得这样太势利。实际上，是我太无知。事实证明，当年那些突破世俗眼光，既主动结识年长者，又跟同龄人打成一片的人，现在的职业发展远远好于那些只在寝室抱团打游戏的人。决定一个人成熟度的不是年纪，而是经历。

优秀朋友的正能量很强，可以让我们把以前认为不可能完成的任务变为可能，比如我们不相信自己可以把马拉松跑下来，当发现身边的很多朋友都能跑完全程后，我们也更加相信自己可以跑下来，于是就真的跑下来了。我有一次骑动感单车，全程坚持下来特别难，但好友 Allen 跟我一起骑，他就在我旁边，边骑边给我鼓励，最后我真的撑下来了，并因此积累了很多坚持能量。

还记得小马过河的故事吗？松鼠告诉小马不要过河，因为水太深，会被淹死的，但老牛告诉小马可以过河，因为水很浅。当我还在为写完第一本书自得意满时，秋叶大叔告诉我，他通过资源整合等方法，一年出版了十几本高品质的书。结识优秀的朋友，可以开拓我们生命的宽度，突破生命的深度。一句话，你朋友圈的高度决定着你的高度。

和优秀的人成为朋友固然重要，但需要注意的是，优秀的人不一定愿意跟我们成为朋友。

物以类聚，人以群分。我们自己是什么样的人，吸引来的往往就是什么样的人，因此，要想结交尽可能多的优秀朋友，就要让自己的交换值越来越高，也就是跟你成为朋友，你能给人家带来什么价值，比如资源、面子、有用信息、时间节省、技能提升等。看似很势利，但，这就是现实。我们在银行有储蓄账户，人和人之间也有个账户，叫情感账户，两个人之间从相识那一刻开始就开通了情感账户，通过彼此帮忙、相互欣赏和双赢协作来不断向情感账户充值，账户余额越高，彼此的关系就越亲密，反之，如果相互背叛、无意义冲突或长期无交集，情感账户的余额就会越来减少。提升情感账户余额的最重要办法就是彼此之间不断交换价值。

在交换值这个概念里，最核心的一点是“帮助别人”，也就是愿意主动去帮助别人。被称为人脉之王的 LinkedIn 创始人里德·霍夫曼说：获得别人关注的最好方法是主动提供帮助。《影响力》这本书中提到了一个非常重要的法则—互惠，我们伤害别人后，别人可能反过来伤害我们，双输；我们帮助别人后，别人也愿意来帮助我们，双赢。

坚持星球最初的名字是“坚持帮”，很多人以为这个“帮”是帮派的意思，事实上，我在起这个名字时，想到的是相互帮助。有一位叫小探的坚持星友，每天去帮整层楼的同学取快递，成为全校人缘最好的人。就是这个小小的举动，可以带给别人大大的温暖，而小探的内心，也变得越来越富足。坚持星友史振钧践行“日行一善”，他说：“帮助别人是一种对自己精神的锻炼，人不仅要有健康的身体，更要有高尚的精神，就如身体的锻炼能够让你有个健康的身体一样，精神的锻炼会让你有一个高尚的精神境界。”

我以前在酒店退房后，拎着行李箱就走了，很可能屋内一片狼藉，后来听一位朋友说，退房之前，把房间简单收拾一下，这相当于帮了打扫卫生阿姨一个大忙，阿姨会在心里感激你的，当别人在心里感激你时，会带给你好运气和好心态，而如果对方在心里诅咒你，可能会带给你坏运气。朋友说的话，我信了，为别人提供力所能及的帮助也是我一直在做的事。有一次在飞机上，隔壁一位大姐跟机组人员要毛毯，结果被告知已经发完，然后我就把我的毛毯给了她，这是一件非常不起眼的小事，飞机起飞后我打开电脑写坚持的文章，没想到这位大姐一直关注着我，她对我说：“你这段文字写得特别好，我可以拍下来吗？我想发给我的员工。”后来得知这位大姐是常熟一家公司的董事长，就是这样的机缘巧合，萍水相逢的两位旅客成了朋友。

想要结识优秀的人或者“大牛”，介绍 3 个提升自己交换值的方法：

1. 持续加长自身的那块长板，让自己成为细分领域的“大牛”。比起建设一条公路，我们更容易立起一座高塔，站在塔顶，让“大牛”们看到自己，多少“大牛”认识我们比我们认识多少“大牛”更为重要。

2. “大牛”想要的，我愿意给。“大牛”举办一场演讲，我们去捧场，然后不要脸地跟“大牛”近距离交流；“大牛”组建一个社群，我们成为他的会员；“大牛”推出了一个课程，我们去报名参加；做个“大牛”中介，把“大牛”介绍给其他“大牛”；做一些特别的事，感动“大牛”，比如一位坚持星友想邀请俞敏洪老师到学校演讲，怎么约也约不到，然后自己前往上百公里外的另一个城市听俞老师演讲，在现场告诉他这个故事，真得把俞老师感动了，最后他欣然同意去演讲。

3. 让自己成为社群领袖。“大牛”之所以成为“大牛”，除了专业能力很强，另一个原因是，他们有自己的社群，他们站在了社群之巅，因此变得高大，对于我们来说，让自己快速高大起来的办法，也是社群。

※ 社群

社群是提升自己交换值的好地方。加入一个社群之前，我们的交换值就只有自己，加入一个社群并成为领导者后，交换值就变成了自己和整个社群，由于自己的交换值变高了，我们也可以结识到更高交换值的朋友。

我在刚加入头马时，作为普通会员，身边的好朋友也都是普通会员，而当我成为大区区长后，身边的很多朋友都是来自全球不同国家的大区区长、演讲冠军和世界冠军，当我创立坚持星球后，神奇地结识了很多其他社群的创始人。跟这些“大牛”成为朋友，给了我很多坚持能量。同理，如果想结识CEO朋友，我们自己最好也是CEO，然后，努力提升彼此之间的情感账户余额。

头马和坚持星球这两个社群都可以让我们的交换值变得更高。比如在头马，每个俱乐部都有7位领导，公关副主席类似于公司的市场总监，教育副主席类似于培训总监，主席就类似于CEO，“主席”这个身份就能带来很多意想不到的交换值。如果你是主席，去参加其他社群的活动，人家就能介绍你：今天的嘉宾是来自著名头马俱乐部的主席。主席之上，还有更多高大上的头衔，有一次我问一位中区区长为什么要参加竞选，他半开玩地说，因为做中区区长有面子……

对于坚持这件事来说，一个人可以走得很快，一群人可以走得更快更远。当然，不是每个社群都适合自己，也不是每个社群都是好社群，如果你混的是一个沉迷游戏、生活糜烂、吸毒成性的社群，自己也容易走向堕落。

作为头马和坚持星球两个社群的负责人，我发现，这两个社群的会员有很多共性，积极主动、上进、热情、乐于助人，这些特点的人组合在一起，就形成了一种积极正向的社群文化，而社群文化反过来会正向影响社群中的人，在这种氛围的感染下，新加入的人也会被赋予这种特质。这就是为什么有些坚持星友在不想坚持时，看到群里的其他星友都在打卡，受到感染，而去完成自己的行动计划的原因。在积极正向的社群中，当A能量不足时，BCDE可以给A感染能量，当A恢复后，又会把能量感染给其他需要的人。

在最近八年里，让我质变最多的，就是头马。可以肯定的是，因为头马这个社群，我才能够坚持演讲这么多年。否则，我要么根本没有开始学习演讲，要么开始后很快放弃。你知道吗，加入头马前，连我妈都不愿意听我演讲，而在头马，每天都有那么多现成的观众等着听我演讲，还有那么多新朋友等着我去结识，有那么多老朋友等着我去问候，这些都能让我产生坚持能量。没有头马，就算我有机会参加大师级的演讲培训，也难以提高，因为那只是1～2天的培训，练习时间太短，难以产生量到质变，这也是培训行业的痛点……真正好的培训，会让学员产生由量到质的改变，这个过程需要时间的沉淀，需要一个社群，在相互支持中实现。

除了加入别人的社群，我也建议你组建自己的社群。2010年，我和其他小伙伴们一起，组建了双语话剧演讲俱乐部，作为这个俱乐部的创始人，我的感情自然和在其他俱乐部担任主席不同，区别有点类似做亲爹还是干爹。这家俱乐部每年都会举办一次周年庆典，不管它发展到什么时候，更换过多少届主席和领导团队，里面流淌出的基因文化，都是我留下的，这种感觉非常奇妙。

坚持星友虎牙兄把三口之家组建成了一个迷你运动社群，每天抽出一些时间，虎牙妈、虎牙爸和虎牙兄一起锻炼身体，结束后在群里打卡，形成了一个正能量的家庭氛围，不仅可以保持全家人的身体健康，也让三口之家更加温馨、快乐。

坚持星友丁小当曾经因为工作，累到3个月里瘦了23斤，工作上的巨大压力让她在迷茫中开始一个人孤独地跑步，有一句话改变了她：每一个人就像一座孤岛，在大海里，你也不知道身边有多少这样的孤岛，但是，你可以与它们创建链接，你可以努力划向它们，你就会知道，孤独的不是你一个，而这样的链接，会让人产生力量。于是，丁小当辞去了繁重的工作，进入了一家不需要加班的公司，开始利用下班后的时间让链接发生，她建立了多个社群，收获了一系列奇妙的经历和改变。她坚信，在运营社群的路上，自己只需坚持，剩下的交给时间，凡所努力，必有回报。

在一个小社群中，3个活跃的人可以彼此启动，形成一个能量场，影响身边其他人共同行动，而这3个活跃的人，会因此获得更多的坚持能量。我在组建双语话剧演讲俱乐部时，核心团队就是3个人，大家把我们称作“三驾马车”，后来担任中区区长，我开始重点培训每个俱乐部的“三驾马车”，起到了以点带面共同提升的效果。组织定期的团队活动也一样，有3个人强烈支持，就能启动并容易坚持下去，比如组织每周夜跑活动，如果3个人一起，更容易影响其他人一起加入，形成夜跑社群。如果你想组建一个小社群，建议先去找到“三驾马车”。

※ 参与感

记得第一次拜访头马俱乐部时，我和两位朋友被热情地招待，对方为我们详细介绍了头马俱乐部的情况，帮我们安排座位，请我们回答问题，活动结束前还问我们有没有反馈意见……经历完这些，我们自然而然地产生了参与感。试想一下，如果你怀着忐忑的心情走入一个陌生但需要彼此互动的环境，进去之后，里面坐着 20 个人，他们在聊天，但没有人理你，然后你灰溜溜地走到最后一排，坐定，之后还是没有人理你，最后你灰溜溜地离开了，试问，这样的活动，你还想再参加吗？

在坚持星球我发现，一位新的星友怀着好奇心加入到微信群后，如果没有人招呼他，基本上这位新星友也不会说话，因为没有任何参与感。所以，群规上规定，只要有新人加入，群主需要第一时间做 3 个动作：1. 欢迎 2. 发群规 3. 请新人按规则做自我介绍或发红包，以此来帮助这位新人获得参与感。

我在做培训时，第一件事就是让学员依次做自我介绍，一个目的是让大家相互认识，更大的日的是，让学员在课程开始前获得参与感。在我的课程中，会和学员进行大量的互动，请他们发表意见，让他们时刻保持参与感，很多学员会感到好奇，为什么上我的课说了那么多话反而觉得很轻松。因为，对比全身心参与到课程中和一边听课一边走神一边想工作的事，后者消耗的能量远远高于前者。

由于我们从小到大所接受的都是填鸭式教育，导致我们不太喜欢主动发言。开会时老板介绍一个新项目，然后问有没有问题，收到的回答往往都是没问题，实际上呢，脑子里全是问题，就是不问；开会时，主持人引导大家讨论问题，往往会有人不说话，如果主持人的引导能力再差一点儿的话，情况就会更糟糕，表面上看是因为参与感低而不说话，实际上是因为不说话而导致参与感低，进而恶性循环。

优秀领导者都具备一个能力：让别人认为他很重要，来赋予对方更多的参与感，比如大家一起聊天时，优秀领导者会让不发言的人说说自己的近况，来平衡参与感。但是，不要指望每个人都是优秀的领导者。我们需要参与感，如果别人不为我们创造，我们就自己创造！还记得那句话吗？当你纠结要不要做时，那就去做。在任何场合，主动争取去提问、去发言，相信吗？一个小小的参与，会让体验和收获大幅提升。

提供给大家一个提升参与感的方法——结识负责人。上大学时，我参加团委的学习项目，这个持续半年的项目是由团委组织部的同学负责的，我正好跟其中的一位负责人很熟，加入这个项目后，我经常去找他聊天，得知了很多内幕消息，导致我感觉自己也是组织者之一，所以整个项目里，我的参与感都很强，这半年成了我在大学四年里收获最大的半年。

获得参与感，需要自己更积极主动一些。几年前，我作为公司的新人，参与感是很低的，但我除了主动要求做事情外，还主动报名了主持公司年会，人力资源部经理得知我有主持经验后非常开心，直接给我配了三位管理培训生，我带着他们三个搭档主持。因为这次主持，我认识了很多其他部门的同事，其中还包括 CEO 和几位高管，参与感爆棚。

回想一下我这些年的经历，有些场合，心里是想举手参与的，但却由于各种纠结和担心，最终机会在指尖溜走，后悔、自责，但为时已晚。几年前在奥兰多的环球影城游玩，解说员要挑选 5 位游客，大家自愿报名，可以作为演员参与到一个小电影的拍摄中，我特别想举手，因为我知道这将是一次非凡的体验，但就是不敢举，担心理解不了对方的英语怎么办、担心自己在荧幕上不好看怎么办、担心给国家丢脸怎么办……全是借口！正当我继续给自己找借口时，5 个人已经纷纷举起了手，参与到拍摄中了，小电影特别简单，动作也不复杂，10 分钟就拍完了，效果非常好，播放之后，全体游客为那 5 位演员欢呼鼓掌，5 位演员脸上都洋溢着幸福的笑容。那一刻，我真想揍自己一顿，如果当时自己踊跃举手，我就可以成为那幸运的 1/5，参与到电影的拍摄过程中了，要知道那可是最专业的导演和设备，这段经历也会成为我演讲时的故事，我一定会因此爱上环球影城，但我遗憾错过了，而环球影城在我心里，也就那么回事了。

主动参与，就不会留下遗憾，不管参与后的结果是什么，成功了则是一段励志故事；失败了则是一个段子。说不定你还能因此而爱上它，这还不值得主动参与吗？

积极主动地参与，需要有一种不要脸的精神，这个精神我一直在修炼,现在已经越来越不要脸了。去年的公司年会上，我没有做主持，但我需要用其他方式参与到年会中，由于已经提前认识了负责年会的同事，我知道整场年会由几个游戏串接，是否中奖也跟游戏有关。年会开始，主持人邀请每桌派出一位代表参与游戏，第一轮嘛，气氛还不够活跃，大家都在纠结，我征询了我们桌的其他人，他们都不去，好，你们不去我去。然后，游戏玩得很开心，我也成功拿到了一台GoPro 相机和全套配件，一次普通的年会，又一次因为主动参与而变得不普通。

我在培训头马新会员时经常会说："你们每周花那么长时间来参加俱乐部活动，过来后还要付入场费，如果只是被动地坐在后面听别人讲，那还不如不来，要想收获的价值超过付出的时间成本和金钱成本，那一定要让自己参与进来，想尽一切办法让自己尽可能多地站在舞台上。你可能在心理上纠结，害羞、胆小、怕没面子……请记住，你过分在乎的面子在别人心里一点也不重要，反而敢于不要脸的人更容易赢得别人的尊重。既然来到了头马，那就准备好丢脸、准备好坚持、不要脸、坚持不要脸，不是 You can you up，而是 You up you can。关上俱乐部的那扇门，把脸丢在地上，再踩上两脚，坚持一段时间后，打开这扇门，你会在外面把所有曾经丢过的脸都赚回来。坚持不要脸，世界才会给你脸。"

※ 责任感

想要获得更多的参与感，不管是在公司还是社群，不管做什么，都需要把自己身上的责任感激发出来。每个人都是有责任感的，但是责任感往往隐藏在内心深处，需要被激发才能出来。

刚刚加入头马俱乐部时，我只认为自己是一名被服务的会员，想去俱乐部就去，不想去就不去，想做演讲就做，不想做也可以放鸽子，俱乐部发展的好与坏都跟我没关系，非常任性。屁股决定脑袋，当我通过竞选成为俱乐部的公关副主席和会员副主席后，我发现自己的责任感被激发了出来，俱乐部发展的好与坏跟我是有直接关系的，我要跟主席一起把俱乐部运营好，因此表现得比以前更加积极，跟朋友聊天时，也更愿意提到头马。

这让我想起了高中生活，我们班有 7 位班长，分别负责周一到周日的班级事务（对，我们全周无休），除此之外，还有各种班级委员，基本上人人都是班委，每个人都被班主任激发出了责任感……这个做法除了让班主任更好地管理班级之外，还有一个好处——7 位班长的档案里都写着担任过班长，很可能因为这个简历而在大学继续担任班长，班主任老师真是高明啊！

我最明显体会到责任感的重要性是在当选头马俱乐部主席后，当时感觉俱乐部就是自己的儿子，我必须要把它带好，别人可以不来，我不可以，别人能放鸽子，我不能，那半年主席任期，让我对头马有了更全面、更深刻的理解。半年的主席任期结束后，身上的责任感一下子就没了，参与感也大大降低了，之后我竟然有3个月没有再去俱乐部，头马在我大脑中的优先级开始下降，我开始去忙别的事情。后来我意识到了问题的严重性，于是2010年，我召集朋友组建了双语话剧演讲俱乐部，从决定创立新俱乐部的那一天开始，我就有一种生了个亲儿子的感觉，参与感和责任感瞬间就回来了，我也再次投身到了头马的坚持之路上。

在做双语话剧演讲俱乐部创始主席的同时，我被任命为小区区长，之后每年参加一次竞选，先后担任中区区长、大区市场总监、大区教育培训总监、大区区长，责任感每年都在持续增强，当做到大区区长时，我觉得整个中国的头马俱乐部都是我的孩子。

责任感也不是无缘无故就能被激发出来的，同样需要我们去主动争取。在坚持星球的每一个新组建好的微信群里，我们都会问：谁愿意做群主和副群主？最主动的人会报名做群主，稍主动的人会报名做副群主，群主和副群主会获得更多的坚持能量，而其他不说话的人，则失去了获得责任感的机会。我担任大区区长时面试团队成员的问题是：你为什么要竞选这个职位？一位候选人回答：因为我想继续在头马坚持下去，如果我不参加竞选，很可能会因没有责任感而离开。非常直接的回答，后来我把机会给了她。

在头马，坚持时间最短的，往往是没有担任过任何管理职务的会员，而坚持时间长的，往往是担任过高级管理职位的会员，主要是因为坚持时间长才有可能担任高级管理职位，但最重要的原因是，担任高级管理职位可以激发出更多的责任感，产生更多坚持能量。

坚持星友神秘水草曾经担任过两个群的群主，他分享说："在坚持星球的日子里，我深深地感悟到行动与付出的力量。从刚开始担心自己没有精力做好第一个群的群主，到后来犹豫之下担任了第二个群的群主。我投入的精力越来越多，在这个过程中，我被越来越多的星友感动与感染。同时，也在社群运营方面不断地探索、学习、成长。可以说，如果我当初只是做一个普通的星友，没有参与到坚持星球的日常管理中来，我也绝不可能有后来那么多的收获。正应了佛家那句话'功不唐捐'，意思是你的每一次付出都不会白费，在付出中会慢慢成就自己。"

我组建坚持星球后，给星友们带来了很多的坚持能量，而获得坚持能量最多的，是我自己，因为我在坚持方面的责任感被激发了出来，内心告诉我，如果我自己都不能坚持，还有什么资格去帮助别人坚持。而我在写这本书的过程中，责任感进一步得到激发，在内心我时刻告诉自己，如果连我自己都不坚持的话，凭什么去帮助读者坚持，因此获得了非常多的能量。

美国前总统约翰·肯尼迪在就职演讲时说：不要总是问国家能为你做些什么，而应该问你能为国家做些什么。二者的区别之一就是—责任感。在公司、头马、坚持星球或其他地方都一样，不要总是问组织能为你做些什么，而应该问你能为组织做些什么，你能为伙伴们做些什么。两种选择，结果截然不同。

※ 成就感

参与感和责任感最适合通过社群环境来坚持，成就感则适用于任何环境，而且对于坚持更为重要。

每个人都喜欢成就感，不论成年人还是儿童。我儿子3岁时，每天送他去幼儿园都会哭闹，早上送去时哭，下午接时继续哭，晚上睡觉甚至说梦话都是不去幼儿园，一个星期瘦了很多，大人们情绪也很崩溃。周末的时候，我买了些小星星贴纸，偷偷送给幼儿园老师，拜托她多给孩子些鼓励，这招很管用，姥姥在接他放学时，竟然不哭了，而且还跟姥姥炫耀说老师因为自己表现好送给他好几个小星星。后来姥姥就把这些贴纸贴在了手机背面，孩子每天放学第一件事就是把小星星贴纸送给姥姥，他逐渐在幼儿园获得了成就感，就不再哭了。

解决了送儿子去幼儿园的问题，接着在家里不爱吃饭、不爱洗澡、不爱睡觉的问题也频频出现了，让我们很是头疼。于是我也试着用小贴纸的方法，告诉他：痛快吃饭可以奖励一个小贴纸、痛快洗澡可以奖励一个小贴纸、上床睡觉也可以奖励一个小贴纸，这些贴纸都贴在指定的一面墙上，随时可以看到。然后又告诉他，每个贴纸可以换1块钱，这个钱可以由他自己支配，想买玩具的话，就用自己的钱买。这招的效果比我想象得更好，每次我下班回到家，他都会兴奋地跟我说："爸爸，饭已经吃完了，今天表现很不错，给我奖励吧。"然后跟我要贴纸，我给他贴上后，他可以兴奋到跳起来。这个方法给他带来了很大成就感，当然，还有另一个诱因，就是玩具的奖励。但根据我的观察，获得成就感比获得玩具的作用更大。

头马是一个支持相互鼓励的社群，会员之间不吝赞美之词。记得我做完在头马的第一个演讲之后，自我感觉特别不好，不但演讲内容没有亮点，又很紧张，而且还有两处忘词，很是尴尬。没想到，大家竟然给我热烈鼓掌，还有人跟我说：You did a great speech, look forward to your next one。当时开心极了，自信心又找了回来，马上预定了第二个演讲。虽然我知道这鼓励有点儿像套路，但依然很有成就感。有一次看到一位口吃会员站在讲台上，几乎说不出话来，我听到另一位会员告诉他："你很棒，因为你有勇气站在这个讲台上，你是今晚最闪亮的星！"这句简单的话，给了那位会员莫大的成就感，后来，那位天生口吃的会员，竟然成为了全国演讲比赛亚军。

加入头马一年后的一次活动中，我做了一个演讲，当时我的演讲水平虽然已经比一年前进步了很多，但还不是很出色，回到位子后，我收到一张纸条，是一位在奢侈品公司担任高管的精英会员写给我的，内容是：I can see your potential, you are a rising star。看到这个内容后，我激动得不行。从那儿以后，我真的沿着 Rising Star 的轨迹发展了。在头马的演讲经历中，我比其他会员更主动、做的演讲更多、拜访的俱乐部也更多，所以进步速度也就更快，我因此产生了一种感觉：我有演讲天赋、我可以比其他人讲得更好、我就是为演讲而生的。这种成就感对于坚持下去至关重要，那个时候的我，跟曾经那位惧怕演讲的我相比，在心态上已经大为不同，绝对不是因为热爱才坚持，而是因为坚持才产生了热爱。

我坚持给自己的演讲录像，隔一段时间就录一次，这样做的好处是能特别真实地感受到一段时间内自己的变化，因此获得成就感。刚开始看自己的录像可能有点儿不习惯，甚至可能觉得世界上最难听的声音就来自于录像中的自己，世界上最难看的画面就是录像中的自己。没关系，心理舒适区被挑战是件好事情，慢慢的，你会爱上录像中的自己。不管做任何事情，积极去感受自己因为做这件事情而产生的变化，不管是心情、状态、能力、友谊还是其他，就会因此获得成就感。

在写书的过程中，为了获得成就感，我找了 5 位朋友，每一位都很喜欢赞美人，他们都看过我第一本书，都对我第二本书充满期待。每天写完文字之后，我会第一时间把内容发给他们，而他们会给我各种让我产生成就感的反馈，激发我第二天继续写。其中有位朋友，每天都把我写的文字打印出来看，还有位朋友，每看完一篇文字，都写一篇读后感，着实让我感动。常备这样的好友在身边非常重要，试想一下，如果你把辛辛苦苦写出来的文字发给一个冷漠且爱批评人的家伙，他要么不回你，要么回一句："你写的都是什么玩意儿，每天写东西，你是不是有病？"你作何感想。

在选择坚持做一件事时，可以先从容易坚持的事情做起，因为在任何一件事情上坚持成功，都可以大幅提升自己的坚持能量。

我表弟徐云研已经练习毛笔字多年，他的感触是：但凡值得下功夫的事情，都必定博大精深。初学者往往急功近利，忽视了这一点。调整心态，从零开始，才是正途。以书法为例，初学者要从点画开始，踏踏实实练习，逐步晋升到间架结构和谋篇布局。刚学会执笔就去写整幅作品，不仅体会不到书法的奥妙，反而容易陷入短暂的自满或者彻底的失望，兴趣也会随之消退。

徐云研书法作品

有位坚持星友从小到大严重缺乏自信，患有人群恐惧症，加入坚持星球后，她跑步坚持得特别好，从每天 1 公里，到每天 5 公里，下雨时甚至在家里原地跑。我问她为什么跑步坚持得这么好，她说她做很多事情都没有信心，比起其他事情，跑步对她来说最简单，坚持跑步所获得的成就感，可以给她带来最需要的自信，而自信心的提升让她在工作上也产生了积极的变化，进一步提升自信心和坚持能量，良性循环。她跟我说，之前只有在喝完一杯浓咖啡后才能获得一点点兴奋感，而现在，她在跑步上获得的坚持能量帮助她把咖啡彻底戒了，而且兴奋度比以前高很多。我很感慨，一个人的状态就这样被一个小小的跑步彻底改变了。

有一位叫小周的坚持星友，每天抄写一篇心经，然后通过微信发给我，已经700多天了，他说，抄写心经这件事的坚持能量来自热爱，而这件事给他带来的最大质变是，如果让他去做一件需要长期坚持的事，他可以没有任何压力地做下去。

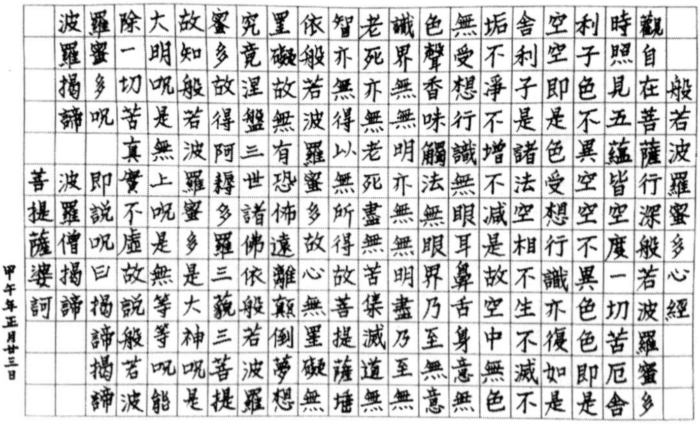

小周2014年书法作品

小周2016年书法作品

坚持能量可以复制，当坚持能量很多时，我们可以比坚持能量低的人在一件事情上坚持得更久。

关于获得成就感，请注意，不管你做什么，需要可以输出作品，并找到输出渠道。

比如演讲，可以在头马或工作中输出；

比如学琴，可以去考级或者参加演出；

比如练字，可以分享或者举办书法展；

比如阅读，可以分享或实践书中内容；

……

再次强调，输出才能彰显你的价值，输出才能让你收获更多的成就感。

※ 愉悦感

愉悦感不是纯粹的傻乐，而是把一些看似枯燥无聊的事情变得有趣。

很多头马俱乐部的活动氛围比较严肃，我在创立双语话剧头马俱乐部时，给俱乐部的定位之一是好玩，活动氛围非常开放，鼓励大家相互吐槽，还有即兴话剧和话剧表演，它应该是全国 300 多家头马俱乐部中笑声最多的。你想啊，会员都是清一色的白领，每天工作一天已经很辛苦了，你再在晚上让人家严肃 2 小时，怎么会愉悦呢！带给会员愉悦感，是双语话剧头马俱乐部成为全国最火爆头马俱乐部之一的重要原因。

我写这本书的原则之一也是有趣，如果整本书都跟你讲道理，估计你很难坚持读完，但我在书中结合方法论，插入了很多自己和身边朋友的真实故事，你读起来感觉有血有肉，有时还会产生共鸣，因此有了愉悦感，你就会喜欢上这本书，是不是？

毫无疑问，如果做一件事情能够给我们带来愉悦感，就容易让我们爱上这件事。社交、社群、参与感、责任感、成就感，都可以给我们带来愉悦感。有些愉悦感是只要做，就会有的，但有些愉悦感，是需要培养的。

培养愉悦感的有效方法是间接愉悦感带动直接愉悦感，也就是利用可以产生愉悦感的事带动想要做的事。比如我刚出差到另一个城市，旅途劳顿，需要通过跑步来活动筋骨，但一想到酒店健身房里浓烈的橡胶味、汗臭味和浑浊的空气，就没有任何愉悦感了，也就没有了行动的能量。我的做法是在地图上寻找附近最好的公园，再约上这个城市喜欢跑步的朋友，一边逛公园一边会友一边跑步，逛公园的愉悦感可以作用在跑步上，跑步的过程中也会产生愉悦感，于是跑步就愉快地完成了。

有一位坚持星友虽然觉得跑步很重要，但她不喜欢跑步，她喜欢买衣服。我给她的建议是，给自己买一套全新的跑步装备，然后穿着全新的跑步装备去跑步，果然，她在跑步这件事上间接产生了愉悦感，跑着跑着，她感受到了跑步本身给她带来的愉悦感，就再也不需要间接刺激了。间接产生跑步的愉悦感还包括跑步时听喜欢的音乐，约上自己的男神/女神一起跑，参加个类似Color Run、Mud Run这样有趣味性的跑步，方法有很多，选一个能够间接让自己产生愉悦感的就好。

关于背单词，这是一件极其痛苦的事，要不是为了应付重要的考试，一般人很难坚持下去。如果想提升英文单词量，完全可以把枯燥的背单词，变为可以产生愉悦感的事，除了使用有趣味性的背单词App，还可以听英文歌曲、阅读喜欢的英文原版书报，或是看喜欢的美剧，然后把不认识的单词记下来。我有个朋友每年看一遍老友记，以至于老友记成了他思维体系的一部分，需要活跃气氛时，他可以随时引用：老友记中的Joey曾经说过……

现在的离婚率越来越高，原因有很多，给婚姻保鲜的一个非常重要的方法，就是夫妻二人彼此愉悦。我有一对好朋友，他俩2002年开始谈恋爱，十几年过去了，感情比谈恋爱时还要好，他们使用的方法之一就是通过在生活中装点小情小趣，来保持彼此的愉悦感。比如每年的圣诞节他们会选择在一间同城酒店度过，每年给自己拍一张结婚照，每年的旅行和照片都做成相册，还有，等孩子睡下，一起点上精油喝喝茶聊聊天，吃完饭一起在小区里散散步，周末去没去过的小马路逛逛……他们说："日子除了过成诗，也可以过成书，并且人人都可以做到。"

我在陪儿子玩儿这个问题上，也会通过间接愉悦感带动直接愉悦感。我的时间非常有限，如果把宝贵时间花在陪儿子玩一些三岁小孩子的游戏，说一些三岁小孩子的话，对我来说还真是蛮痛苦的，而且还容易拉低我的智商。那如何既能够让儿子收获很多，又能让我产生愉悦感呢？我会把我喜欢的事和他喜欢的事结合起来，比如，带他去小区对面的中学打篮球、踢足球、绕操场跑步，他玩得很开心，我也完成了健身计划，而且非常愉悦；还有，由于工作原因，我需要使用GarageBand这款弹奏音乐的App，于是我把使用GarageBand跟陪儿子玩儿结合了起来，让他跟我一起弹钢琴，我在使用DJ功能时，他会在旁边即兴跳舞，陪孩子、工作、愉悦感，就这样被我愉悦地结合到了一起。

生活本来就充满乐趣，只要花一点小心思，就能通过间接愉悦感带动直接愉悦感，让枯燥无聊的事情变得有趣，并因此产生热爱。

※ 内化实践

围绕自己的第一优先级：

1. 通过“在行”App 或其他方式，约谈相关的“大牛”；
2. 成为相关社群中的一员，如坚持星球、头马等；
3. 主动发言、主动要求承担更多的责任；
4. 尝试组建自己相关的小社群；
5. 输出一件自己的作品；

……

※ One More Thing

请问：你找到自己真正热爱的事情了吗？

我们尝试去做了各种各样的事情，结实了很多朋友，也知道如何主动获得参与感、责任感、成就感和愉悦感，但是，一定会有很多事情，让我们无法热爱，无法热爱的事情几乎不可能让我们长期坚持，而我们需要做的，是筛选出那件让我们从内心深处真正热爱的事情。

我大学专业是物流管理，大二暑假在物流公司实习，实习结束后就决定将来不从事物流相关的工作；我也试图培养过画画、书法等艺术能力，但都统统放弃，因为真的是不喜欢，不喜欢就没办法深入，不深入就更加不会喜欢。人的能力绝不是只有智商和情商的区分，还包括运动能力、音乐能力、绘画能力、数字能力、创造力、表达能力等等，每个人都是独一无二的，都有自己的闪光点，热爱音乐的人可能不喜欢运动，热爱运动的人可能不喜欢理财……如果不去尝试，你永远都不知道自己会热爱什么。大学毕业后我也尝试过很多事情，做着做着，发现自己最喜欢的就是站在舞台上的感觉，还有帮助别人的感觉，我因此才能写出一本演讲方面的书，成为培训师，从事教育工作。

史蒂夫·乔布斯在一个访谈节目中谈到："有人说，需要对你从事的事情满怀激情，这话绝对正确。原因在于，如果你没有太多激情，那么任何一个理性的人都会放弃。如果你不热爱一件事情，无法从中得到快乐，你就会放弃。如果不热爱自己的事业，你就会失败。所以，你必须热爱它，必须满怀激情。"

很多时候，放弃不是因为我们不够坚持，而是因为那件事不够重要或者我们不够热爱。

不断行动，结实益友，加入有益的社群，主动获得参与感、责任感、成就感和愉悦感，就是帮助自己去找到那件热爱的事情，并为此长期奋斗。

找到热爱的事情后，坚持就像是被插上了翅膀，会带着我们飞向一次又一次的质变。

※ 故事 & 分享

◎我和思维导图◎

——周桄

有一次在头马做完60分钟的分享，两天后收到一幅周桄发来的极为好看的思维导图，我整个人惊呆了。后来，通过跟周桄的沟通，得知她是从零基础学习思维导图的，从最初的畏惧转变为对思维导图的热爱，这种热爱也让她在画思维导图的路上得到持续的量到质变。

我画思维导图的时间不算太长，满打满算也就一年半。时间虽然不长，却也不容易坚持下来。

去年，我在朋友圈里看到一个线上学习思维导图的课程，正愁没有渠道学习思维导图的我立马报了名，恰好这也是老师组织的第一次线上授课，课程的设计、编排和讲授都极其用心。课程的周期是一个月，每周一次线上授课，一周提交一次练习作业。

线上学习最大的优势就是自由、方便、不受地域限制，但同时对学习者的自律度也有着很高的要求。因为我对思维导图有着强烈的兴趣，再加上与授课老师也有过接触，比较熟悉老师的风格，所以感觉自己完成这一个月的线上学习应该没有问题。

没有想到的是，学习刚一开始我就遇到了拦路虎。在课程开始前的预备期，老师布置了一个作业：要求在周末去参加一个活动或者逛一下公园，把这个过程的感受用思维导图的形式画出来。老实说，这个作业一开始真是吓到我了，因为我从来都没想过自己可以把参加活动的感受画出来，一点绘画基础都没有的我完全不擅长这个技能，怎么可能画得出来呢？当时一心只想打退堂鼓。幸好老师及时给予了鼓励和支持，告诉我可以通过图文结合的方式来展现思维导图的结构。后来通过自己不断思考和琢磨，再结合上阅读《思维导图》那本书的感受，还真的画出了自己比较满意的思维导图。

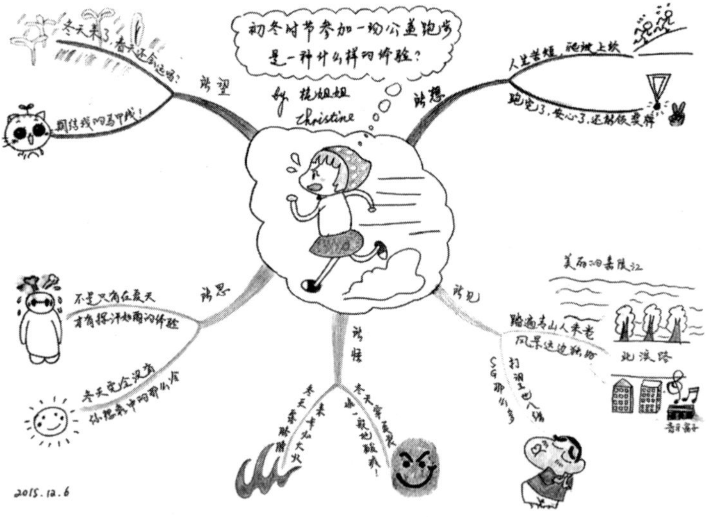

一幅入门级别的导图

第一次能画出活动的感受让我非常开心，更重要的是，通过这次的练习和揣摩，让我一下就找到了绘制思维导图的感觉。有了这幅作品的基础,在接下来的思维导图线上学习中，我很快进入了角色，还特别有干劲地去完成老师布置的各项作业。说实话，在繁忙的工作之余，尤其是在工作任务特别紧张的年关时节抽空完成思维导图作业，确实不是一件容易的事情。但每当有偷懒的念头冒出来时，一想到学习了这么多天的成果就这样付之东流，实在可惜，而且这个线上学习有一个这么完美的开头实在是太难得，所以，即使是工作任务再多，精力再不够用，也会想方设法抽出时间去完成作业。白天没有时间就晚上练，平时没有时间就周末练。对我来说，这段时期的思维导图的学习就是八个字:不懂就问，有空就练。而每练习一次作业，每得到一次老师的鼓励和指导，都让我感受到点滴进步带来的收获和喜悦。

一个月的线上思维导图学习时间很快就结束了，但对我来说，思维导图的练习才刚刚开始。按老师教的方法，我对书本、课堂练习、读书笔记都开始学着用思维导图的方式来记录。作为一个对 DISC 理论有着特别偏爱的人，我一直很希望能把这四种性格特质的特点用思维导图的形式画出来，但当时在我面前的问题还真不少：1.DISC 的理论不但系统而且全面，涵盖的内容非常多，要想用思维导图的形式来展现必须要精心挑选一个合适的角度；2. 当时我的思维导图技法还不是特别熟练，所以在选择展现的方式时思路一直很模糊，不知道该用什么样的图示表达 DISC 的特质更适合；3. 当时刚刚开年，手上的工作特别多,千头万绪的压力袭来,导致灵感枯竭了不少。即使是这样，我还是没有放弃用思维导图来展示 DISC 理论的念头。就像我给很多朋友说的那样，DISC 是我的真爱，思维导图也是我的真爱，人生难得遇到两个真爱在一起，我怎么能够轻易放弃？于是，我重新阅读了 DISC 的相关理论，决定只选择其中“DISC 四种特质的相对优劣”这个角度来重点展示，另外对于思维导图的展示形式，在经过七八次草稿的练习比对后，决定用原子组成的形式来展示 DISC 性格特质的多样性，至于练习时间嘛，时间就像海绵里的水，挤一挤总是有的。所以，经过一个多星期的练习，我的独立作业“DISC 四种特质的相对优劣”终于完成了。这幅导图不但得到很多朋友的点赞，就连讲授 DISC 课程的专业老师也给了我非常大的肯定，让我非常开心。

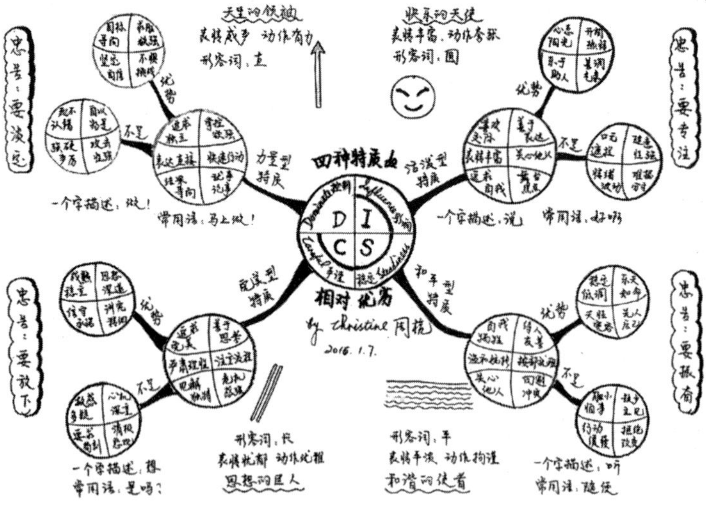

一幅带给很多人惊喜的导图

思维导图带给我太多快乐的感受，现在要想把它轻易放下还真不是一件容易的事。连我的授课老师都说：同样都是零起点的学习，你的努力和认真已经让你的思维导图质量远远地超过了那些一直借口没有时间练习的人。思维导图的练习，虽然只是坚持一年多的努力，但已经显现了非常良好的效果，我有什么理由不继续坚持下去呢？

我与龙兄的结缘也是因为思维导图的缘故。龙兄来重庆头马俱乐部做了一场分享会，分享的主题叫：坚持不要脸，世界才会给你脸。一听这意味深长的题目，我在心中就冒出了一个念头：一定要用思维导图的形式把龙兄这些年不平凡的经历好好地画出来。所以在分享会上，除了认真聆听龙兄的分享，就是认真做好笔记，同时在心里为思维导图的布局暗暗打着草稿。在龙兄的分享会结束后的两天里，借力老师的指导，我将分享会的内容画成了一幅华丽丽的思维导图。

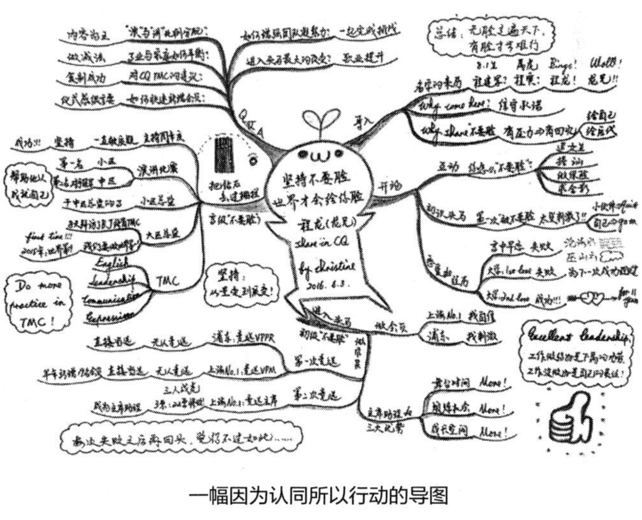

一幅因为认同所以行动的导图

正是因为看到了这幅思维导图，才让龙兄主动联系我，跟我聊起了坚持画思维导图的经历以及坚持下去的原因，也因此让我和龙兄有了一次非正式的合作机会。龙兄恭喜我说，找到热爱的事情是一件非常宝贵的经历，他希望这次的合作会是我事业的一个新起点。不管你们信不信,反正我是相信了。

最后,我想说,找到你热爱的事,坚持下去,从量变到质变,总有一天它会带给你许多意想不到的惊喜。

◎当时之坚持，今日之热爱◎

——罗斯

罗斯也是一位坚持星球的受益者，她从小就不喜欢画画，却因为尝试行动和坚持，让画画变成了她热爱的事情，一不小心还成了她的事业。本书的插画大部分出自罗斯之手。

还记得2014年元旦清晨，暖阳亲吻着我苏醒，伸手摸出手机，读到微信上推送的一篇龙兄写的《坚持的力量》，随之加入坚持星球的微信群，心想着这简直就是上天派赠给我的一份节日大礼，因为一直以来我有太多想做的事情都因为各种借口而半途而废，而现在有坚持星球的小伙伴一起陪伴相互监督，会不会有不同的结果？我带着好奇与期待开始了坚持的旅程，算算到今日已经有2年半之久。在坚持的旅途中，从当初抱着试试看，多结交些新朋友的好玩儿心态，到发现坚持这点儿事实际上就是一个和自己下的赌注；从最开始需要伙伴的监督提醒，到每日习惯性认真完成计划并会专注与享受其中的乐趣；从刚开始的仅仅出于喜欢和好奇，到后来惊喜地发现了自己的潜能和热爱的事情并执着去追求……这种种的收获只因当初的一篇文章、一颗好奇心、一个行动和一份坚持。

对于坚持这点儿事，我要特别感谢自己当初要坚持的决定和坚持下来的决心，让我有机会发现了一件能让自己沉浸、专注、倾注热情的事情——画画，较为确切地说是视觉表达，让我有机会感受到一直从未有过的心流体验，甚至由此开始开拓自己无限可能的未来。

可以说在2014年前，我从未想到自己会和画画有什么关联，因为从小我就不喜欢画画，也没有展现出任何画画的天赋。上中学的时候，当别人可以画出非常惟妙惟肖的卡通动漫时，我却只能笨拙地画出大力水手的头，那么我又怎么会在多年后跟画画结缘呢？

那是在一次沙龙的现场，我被一位来自台湾的老师在墙面上通过画画，用图像传达出培训内容的神奇呈现而惊呆，由此便一发不可收拾地陷入了对画画的痴迷和喜爱，每日一画也成为我每日最喜欢坚持的事情。

在画画（视觉表达）这件事上，我尝试了很多做法：一开始，我就临摹实物，画杯子画茶壶之类。刚开始的作品线条都是不稳的，样子也只有5分相似。画了一段日子，我就想能不能用画画的方式记日记呢？想想应该是一件很有趣的事情，于是我每天就把最想表达的，无论是开心还是生气的事情用笔画出来，这样坚持了好几个月，画了厚厚的一个本子，内容涉及工作和生活。之后，我又想我现在每天上下班途中都阅读，可是看过之后的内容总是觉得有些零乱，那我是不是可以尝试用画画的方式把阅读到的内容梳理一下，用图像呈现出来？想到这个主意，我就迫不及待地尝试起来，结果我发现这样做有很多好处，不仅锻炼了我归纳总结的能力，还可以练习形象化思维，而阅读也因图文并茂变得更有趣，更加容易记忆和理解。

通过一年多的坚持练习，我发现笔下的线条慢慢的不再那么死板，方圆也更似方圆了。值得一提的是，我从一开始头脑里只会出现听到或看到的文字内容，到后来对读到和听到的文字开始有了画面感，这些改变让我感到惊喜。这应该就是龙兄所说的量到质变吧。

我很幸运，因为坚持与不断尝试让我发现在画画这件事情上，我可以做到很沉浸、很专注，甚至无视时间的流逝而获得一种忘我的愉悦感；我很幸运，因为坚持的初衷，让我发现了喜欢甚至是钟爱的事情，从小试牛刀到执着追求，随着坚持的决心，以及过程中的感悟和沉淀，我发现自己对视觉呈现的热衷已经变成一股力量推动着我在这条轨道上快速奔跑，而我要奔向的目标也越发清晰；我很幸运，正是因为当初坚持的决心，让我有幸得到龙兄的信任，应邀为本书绘制插图。

有人说过，曾经有很多事情我们总想等到将来的某一天再去做，到最后却始终没有做成。人生其实就像孩子手中的铅笔，看起来好像够长，可是用起来不知不觉就嫌短了。这一辈子我们其实做不了太多的事情，所以想做的事情就赶紧去做吧，并坚持把它做好，这样才不至于留下太多的遗憾和悔恨，生命也会因此更加精彩。

◎在婚姻里，种一颗爱情的“奇迹苹果”◎

——李隽楠

李隽楠和爱人龚炯是我在头马的一对好友，也是朋友圈公认的神仙眷侣。很多人说婚姻是爱情的坟墓，如果你知道龚少（龚炯）和龚太（李隽楠）的故事，你会相信那句话真是扯。婚姻生活可以过得一塌糊涂，也可以过得诗意绵绵。看看这对夫妻是怎么给婚姻保鲜的吧，看完你会相信婚姻其实可以非常甜蜜。

在日本，有一位叫木村秋则的大叔，他这辈子就做了一件事——种苹果，他的苹果被称为“奇迹苹果”。因为他的苹果切成两半可以放置两年而不腐烂，而且最后会变成飘香的苹果干，是不是很不可思议？

木村秋则是个日本农民，他崇尚自然农法，决定不除草不打农药地种出苹果，这当然很困难，从他开始尝试做实验开始，到他在整个果园里看到七朵苹果花，最终采摘到两颗苹果，足足用了八年时间。又过了两年，他的果树才终于结出了成片的苹果。他的苹果因为太好吃了，全日本都在疯抢，很多人感慨地说：“木村家的苹果，一生能吃到一次就好！”

木村大叔种出了全世界最好吃的苹果，大家都在赞叹他的坚持，然而，木村大叔种苹果，和爱情又有什么关系呢？爱情该如何保鲜呢？

1. 想要种出爱情的“奇迹苹果”，就要停止人云亦云

现代农业对农药已是全面依赖，苹果尤甚，一旦停止农药，对苹果树而言就是灭顶之灾。所有的人都如此认为着，如果木村大叔也这样认为，他就不会尝试用他的方法种苹果了。

想怎样种苹果，木村大叔可以自己说了算！你的婚姻，当然也是你自己说了算！

婚姻与爱情，并不能够人云亦云，“婚姻是爱情的坟墓”、“七年之痒”、“男人有钱就变坏”这些话，如果你信了，就一定会在你的婚姻中去主动印证。

婚姻中偶尔的吵闹会让你开始哀悼爱情，所有不合心意的失落都会被认为是七年之痒初露端倪。你可能紧张、失落但却仍然不作为。

很多人在婚姻中经历过理想和现实的落差，你周围的人

也是如此，甚至还不如你呢，于是你认为这就是现实。然而事实并非如此，你的婚姻，完完全全是你来做主的，想种出婚姻的“奇迹苹果”，当然要你来设计属于你的方法。

2. 想要种出爱情的“奇迹苹果”，绝不能“顺其自然”

很多人都是因爱而结婚，却不知如何对待婚姻。我们所知道的就是顺其自然，或效仿周围其他人的方式。一般来说，顺其自然就是不知不觉地忽视对方，而周围其他人的婚姻状况，要么相仿，要么更糟。

好的苹果，绝不可能这样“顺其自然”地种出来。木村大叔用爱来种苹果，他像对待孩子一样和苹果对话。木村时常轻抚这些果树，跟他们说话，“让你们这么辛苦，我真的很抱歉。就算不开花也没有关系，不结果实也无所谓，千万不要死去。”“实在太了不起了，我知道你很努力。”……在开花的第一年，喜极而泣的木村带着烧酒到果园里，将酒浇了些到地上，跟苹果树对饮起来。

婚姻的“奇迹苹果”，当然也绝不可能顺其自然就开花结果。付出多少努力，才可能会有多少回报，这是唯一不变的法则。婚礼一天就可以完成，而婚姻生活却需要不断地再创造。

婚礼的结束，只是婚姻生活的开始。交换戒指时的对方，和三个月后的对方，和三年后的对方，三十年后的对方兴趣爱好、癖好等可能已经全然不同。结婚后，仍然需要带着新鲜的眼光去看待你认为自己熟悉的人，因为每一天，你们也都是新的。新的想法要交流和沟通，新的朋友也可以介绍给彼此，如果有共同的朋友圈，那在一起的时间就会大大增加，我们对于彼此的了解和关注也会日益加深，不会“顺其自然”地忽视对方。

3. 想要种出爱情的“奇迹苹果”，要创造出属于你们自己的爱情保鲜大法

木村种苹果的诀窍到底是什么？我认为是把苹果树真正地当生命来看待。在最初的四五年间，木村几乎每天都会逐个抚摸他那四个果园的800多棵苹果树，并和它们说话。被木村道歉、恳求好好活下去的苹果树中，相当一部分最终存活了下来。有一片区域共82棵树，他没有说过话，最后那些树全部枯萎了。那是富含“生命”的苹果树，它不仅仅是苹果的生命，也是木村的生命。

有一句话是“人非草木，岂能无情”，但是木村大叔对待苹果树这样的“草木”也付出了感情，并且收获了来自苹果树的回馈。年复一年，日复一日，十几年里，没有厌烦。

4. 在婚姻里，种一颗爱情的“奇迹苹果”，我认为最重要的就是肯为婚姻花时间

恋爱时我们恨不得每天都在一起，好好地研究对方、琢

磨对方，结婚后，却没了那样的心思，还用老的眼光、老的方法去看待和对待彼此，如果不花些时间去跟上彼此的脚步，会很容易生出指责，“你以前不是这样的！”当婚姻只靠回忆支持时，那已经非常脆弱了。

婚姻是要花时间的，如果你们连时间都不肯花，那就不要抱怨为什么你们的感情没以前那么好了。

聊天的时间，是女性最基本的情感需要。夫妻间需要每天花些时间进行情感交流。

建议：每天 5 分钟

注意：我们这里所指的 5 分钟，是可以被认真倾听、被认同的 5 分钟，如果连放下手机都做不到，那聊 50 分钟也没用。

恋爱的时候俩人待在一起好几个小时都没够，可为什么结婚之后就没话说了呢？我们有各自的节拍，一般来说，任何时候和女人聊天她都是愿意听的。当跟男人好好聊 5 分钟后，她能释放一下基本的情感需要，并且会获得全部的关注。

现在的很多夫妻，虽然每天看上去都在家里四目相对，但实际上两个人真正相处的时间并不多，虽然看起来只是每天 5 分钟的聊天，但其实会对婚姻幸福感的提升帮助很大。我认识一对事业特别成功的夫妻，他们都很忙，妻子常常感到两人的疏远和交流的困难，所以很苦恼。我建议他们每天晚饭后在小区周围散散步，后来妻子告诉我，太神奇了，原来散步就可以解决她这么多的困扰，每天一起牵手散步这样的事好像很久没做过了，其实这些并不遥远。我们只是很久没有机会好好聊天。

但女人也要明白，进屋之后要给丈夫一点喘息的机会，不要咄咄逼人。当然不排除某些现代家庭男女的角色颠倒。

约会的时间，也非常重要，建议每周 2 小时。

什么，结婚了还要约会？是的，当然！每周两小时是必需的。没孩子的时候还好说，手拉手遛遛马路、逛逛花市、咖啡店坐坐都可以，就和谈恋爱时候一样。有了孩子以后的约会的确是不容易的，但也不是不可能。

周末的早晨可以早起，泡茶坐坐，听听音乐聊会儿天，就可以很好地享受下两人相处的时光；或者安排孩子早睡，一起在沙发上窝着看喜欢的爱情片；推着小车出去，等孩子睡着的时候去咖啡店坐坐；带孩子去父母家里，让他们享受天伦之乐的时候抽空放松；工作日一起午餐……

想要种出爱情的“奇迹苹果”，就得相信办法总比困难多。

旅行的时间，每年都可以设计下：建议每年 3 天，如果能策划一两次没有孩子的旅行就更好了。

婚姻中两人独处的时间非常重要，就像花儿需要阳光和水一样。我记得去参加美满婚姻课程时，3 天 2 晚，一个周末是两人的世界，真的像是一场旅行。只是 3 天 2 晚的独处，放下平日的生活节奏，放下平日的焦虑担忧，远离纷繁复杂的家庭关系，这对很多夫妻来说已经是很大的释放和祝福了！

5. 在婚姻里，种一颗爱情的“奇迹苹果”，也需要创造生活的小情趣，这得付出感情、创意和努力

大学时，几乎每个月都会看到各种男生折腾校园里那一排樟树，今天写上：对不起；明天写上：我爱你；后天再写：我错了。操场上总有男生在摆心形蜡烛策划重大活动，隔壁寝室也总有莫名其妙的小男孩受人所托来送花。

可这些类似的生活情趣为什么结了婚都不见了？

我和爱人也从来都不是那么有情趣的人，学校里我们做过最有情趣的事情恐怕就是每周去吃肥肠火锅。情趣这个事儿呢不能勉强，但更多时候也看你如何看待，如果你要求的情趣是冰淇淋里吃出钻戒，我想，这基本上很难。

我认识一对性格非常互补的夫妻，他们有 50 多岁了。每一年，他们都会拍一张全家福，到今年，已经 28 年了，前几天，又看到他们新的全家福。

每个家庭都有自己的故事，每一对夫妻也都会创造自己的情趣，我和爱人一个是处女座，一个是摩羯座，其实都是

特别不浪漫的人，但是我们愿意学着为婚姻花更多的时间和心思，所以也分享一下自己的小情趣，抛砖引玉：

每年的圣诞节，我们都会选择一间同城酒店度过，这成为了我们的一个家庭传统。还记得 2013 年的圣诞节去了兴国宾馆，在宾馆对面的酒吧点了一杯有洋葱和辣椒的可怕鸡尾酒，可当时没带钱包特别囧，后来想想这都是情趣。

结婚照，我们每年都会拍一张，每一年至少有一个月都会有一点点新婚的小兴奋。每一年的旅行和家庭照片，也都做成相册，并留一些话和当时的心情……日子除了过成诗，也可以过成书，并且人人都可以做。

等孩子睡下一起点上精油喝喝茶聊聊天，吃完饭一起在小区里散散步，周末去没去过的小马路逛逛，吃一些没有尝过的小吃，这些都是小情趣。创造你们的小情趣，这就是生活的乐趣。

还有一点非常重要：不要因为他（她）是你的爱人而认为一切都理所应当，及时表达感谢很重要。爱情的“奇迹苹果”，需要自己去感受和创造。

从前在 sohu 博客，后来在微博、朋友圈，我不放过任何一个可以当众称赞对方的机会，也习惯地记录下生活的趣事，渐渐地这些成了我们的结婚日记，记录了很多点滴美好的事件，让俩人都在爱中备受鼓舞。

这样的记录，不仅仅是情趣，而渐渐成了生活本身，生活也因为这些记录而变得更加新鲜有趣，当你每年都这样坚持地记录时，你会慢慢品味到生活中诗一般的味道。

6. 想要种出爱情的“奇迹苹果”，一定要学会呵护和保养婚姻这棵果树，及时发现和解决问题

婚姻，就是两个人一起来种这棵苹果树，要收获好吃的奇迹苹果，可能会有各种各样的挑战，病虫害、天气等都可能给我们带来麻烦，但相应的，我们也必须想办法解决，而不是听之任之。

木村也遇到虫害的问题，他每天带着家人去捉虫，但无穷无尽的虫子怎么也捉不完。通过不断研究与实验，他在果园中种植了大量的黄豆，改善了土壤中氮肥的含量，并让地面下的微生物变得丰富起来，改善土壤才能让果树真正变得强大，抵御虫害。婚姻也像是两个人一起建造房子，一起商量着让它舒适又温暖，同时，我们也得处理那些有风险的部分，墙面开裂、渗水……如果听之任之，就会越来越糟，视而不见并不是聪明的方法。

生活中有太多凑合，有太多得过且过，也许你会想，反正没多少时间在房子里。其实这是令我们失望、烦躁、不满意的源头，逃到哪里，总是要回来的。当看着心烦的东西越来越多以至于回来都觉得厌烦的时候，便想要找一个舒服的去处，也许这一去就不回来了。

所以，我很喜欢和佩服那些能把家整理得很舒服的人，同样地，她们把自己的生活也安排得很好，把自己的情绪和健康也打理照顾得很好，把事物也安排得很好，工作起来也是井井有条。

只有不会凑合的人，才会拥有不凑合的感情和不凑合的人生。

◎育儿路上的美好坚持◎

——黄鹏霄

黄鹏霄，英文名字 Helen。定居海外的 Helen，家有两个可爱天使 Tommy 和 Eric，全职妈妈的她在育儿路上的美好坚持，不仅让两个孩子有了健康的体魄、丰富的想象力和创造力、幸福的童年……同时还让她本人看到了更棒的自己，成功出版了图书《118 种奇思妙想的科学与创意游戏》。

作为两个孩子的母亲，我常常心生感动。两个小天使是我生命中最美的意外（Tommy 和 Eric），他们的到来，给予了我对生命崭新的感悟，让我的人生更“完整”，让平凡的日子充满生机，我很庆幸，他们总是牵着我去体验生命处处绽放的惊喜。

在海外独立育儿的过程，不仅仅是陪伴，或见证两个孩子的心智成长，其实也在不断地重塑自我。是孩子们教会我什么叫坚强，什么是坚持。

目睹了我的亲子生活后，常常有朋友向我“取经”。朋友们对我的教育理念和方式给予了极大的赞许，也让我收获了“Super-mom”的称号。但这并不意味着我天生就是块好妈妈的料，其实我也是从零开始学习做母亲的。在这条路上，如果说我比很多妈妈走得更顺畅，也许只是因为我足够“坚持”。

1. 面对新生的小宝宝，我坚持母乳喂养

因为我知道母乳是大自然赐给宝宝最好的食物，它是最独特的，没有哪两个妈妈分泌的乳汁完全一样。所以，妈妈的乳汁就是为自己宝宝量身定制的，它能增强宝宝抵抗力以及优化大脑的发育。什么牌子的奶粉都不如大自然赋予婴儿的食物更好，更别说现在奶粉质量堪忧，而且对很多家庭来说也是笔不小的开支。所以，为了孩子和自己的健康，我坚持母乳喂养。

虽然在一段时间内母乳喂养会比较辛苦，但绝对值得。现在看来，我家两个孩子的体质都非常好，极少生病，这也让我更加庆幸，还好当初自己坚持了下来。

2. 面对来自四面八方的声音，我坚持自己的态度

一个母亲如果常常被环境所左右，不能坚持自己的态度，会让小宝宝无所适从，徒增妈妈和宝宝的焦虑。这一点说起来容易，要真正做到，难度相当大。

现实中我和孩子就遭遇过很多嘲笑。当我带着孩子回国度假时，很多人都会对婴儿车里含着奶嘴、裹着尿不湿、包着小被子的小不点儿指指点点，有亲戚朋友、有邻居、有路人。这个时候，妈妈一定要坚持自己的态度，以孩子的意愿为中心，而不以旁人的议论为转移，才可以让宝宝得到最稳定、最持久的安全感。因为我知道，宝宝还在口腔敏感期，需要安抚奶嘴来获得满足；而从出生开始陪伴他的小被子更是宝宝婴儿时期的安抚神器，因为被子里有他自己的味道，即使换到一个完全陌生的环境，面对陌生的人群，小被子也会带给他极大的安全感，让他顺利适应各种变化；另外，尿不湿加裹裤裆当然也会引来很多婆婆、妈妈的争议，但只要宝宝舒服，妈妈觉得安全、卫生、方便，我就会毫不犹豫地坚持下去。我们没有必要去跟所有人解释，因为没有人会比一个母亲更懂自己的孩子。在面子与孩子之间，我百分百会坚持选择孩子。

3. 坚持亲子阅读

亲子阅读不仅可以锻炼孩子的语言能力，还能增进亲子关系，有益于培养孩子乐观开朗的性格。他们从书中会获得很多道理，也会吸收越来越多的知识，并知道如何与人相处、与大自然相处。

如何坚持？宝宝出生后，就经常让他接触图书；从半岁开始，每天坚持给宝宝讲故事。一开始不用讲太复杂，也不用每天换新的，只要宝宝不反对，一个简单的故事可以重复讲很多遍。不要以为宝宝听不懂就放弃，试着坚持一段时间，就会发现，不管是安静的还是好动的孩子，都会迷恋上每天的亲子读书时间。

很多人说孩子不爱听故事，其实也就给孩子讲过几次，如果自己都不能坚持，怎么能让孩子成为习惯呢？我们不去做一件事情会有一百个理由，而坚持去做就一个理由——因为它足够重要，所以值得我们坚持下去！

如果我们觉得亲子阅读是一件非常重要的事情，每天总能抽出十几分钟时间与孩子亲密相处。只要我们坚持一段时间，孩子的阅读兴趣会越来越足，自然会“督促”父母坚持下去的。给孩子耐心，让自己坚持，这就是一件非常有意义的事情。

事实上，我坚持每天亲子阅读可以有效地控制孩子们看电视的时间。我看到孩子们飞速发展的想象力和专注力（5岁时的 Tommy 拼积木、下象棋和阅读的专注力就能达到5个小时以上，他总能独立安静地完成一件他感兴趣的事情，非常难得），以及养成习惯的主动思考和解决问题的能力，都让我欣喜，这些绝非长期陷在电视里的孩子能做到的。

4. 坚持亲子互动游戏

通过每天充满创意和童趣的亲子游戏，就可以轻轻松松地培养孩子们对科学的兴趣，激发他们的想象力和创造力。通过游戏，我将生活中闪烁着智慧的细节加以利用，便轻而易举地唤起孩子们广泛的兴趣；也是通过游戏，渐渐地，孩子们会主动将这些兴趣内化成各种能力。我在新出版的《118种奇思妙想的科学与创意游戏》一书中有详细介绍，家有宝贝的家长们可以尝试做做里面的游戏，无论是孩子还是家长都会受益匪浅的。

其实，真正的创造力的培养并不是在某个课堂就能够完成的，而是存在于和我们每天生活结合在一起的很多小细节之中。将那些启迪创意的小细节记录下来，它们能见证孩子的心智成长。只要做个有心的父母，你就会发现，当孩子开始懂得玩耍时，他的创造力就已经萌发了；当孩子开始说话时，他对科学的向往就开始表达了。所以，生活中的科学与创意无处不在。让孩子从小对各个领域有广泛地接触，未来的路才会越走越宽，而且做个有心人也会给生活带来更多的灵感。我希望孩子们能一直保持这些可贵的东西：想象力、创造力、敏感的自我和乐观的行动力，所以我会坚持陪伴下去。

5. 坚持做创意手工

经常从事手工活动不仅可以增强动手能力，还有助于发展孩子的想象力以及逻辑思维能力、促进大脑发育、增强记忆力，让他们反应更敏捷，以后学什么会都特别快。现在流行的创客思维，无不是从手工劳作中发展出来的。

其实创客思维中的“创造”都是存在于人的本性需求里的，

一旦底层的温饱需求以及中层的社交需求得到了满足，作为顶端的自我实现需求，即探索和创造性解决问题的需求就会得到空前的爆发。正因如此，如今由创客们兴起的产业开始蓬勃发展。而创客身上必备的创新精神和动手能力是需要从小培养的。生活中我们可以寻找各种机会让孩子的创造力和动手能力得到锻炼。

6. 坚持运动

运动不仅可以强身健体，提高身体协调性，增强平衡能力，还可以帮助孩子建立空间感，这对今后的学习也是大有裨益的。一个孩子运动与否，几年下来他的状态会相差很远，无论身体还是心理。

我一直认为，体育运动对孩子的成长非常重要，怎么强调都不为过。很多家长也都清楚明了,但在国内的教育环境下，孩子的运动能力严重缺失，实在令人惋惜。即使我们没有办法改变环境，我们也可以做到自己坚持运动，潜移默化下让孩子热爱运动。其实孩子是否热爱运动很大程度上取决于父母是否重视，以及能否坚持投入时间和精力去培养。如果从蹒跚学步起，就带着孩子一起运动，很容易让孩子养成运动习惯，然后鼓励孩子选择几个最有兴趣的项目坚持下来。

现在我家两个孩子的运动项目很多，一星期有两次足球、两次游泳、三次网球、还有柔道、瑜伽等，周末还会登山、滑冰、骑车……每天保持至少两个小时的户外运动，一星期大概 16 个小时的运动量。兄弟俩的体能越来越强，正是依赖于长期坚持的各项运动。此外，体育运动也会传递出一种精神，让他们懂得竞争与合作，变得更有耐力和毅力，并知道如何努力，以及怎样坚持……很多你想给予孩子的东西，其实在体育运动中他们都已经主动吸收了。

7. 坚持把时间“浪费”在有趣的事情上

我家老大 Tommy 现在 7 岁了，我从来不教授任何“知识”。他在家没有背过公式，没有学过计算和拼音……所有那些别的孩子埋头苦学的时间，我的孩子可以自由地发展他的爱好，而他的兴趣之广泛，也令我惊讶。无论是绘画、手工制作、天文、地理、摄影、中国历史、世界文化、现代建筑，乃至哲学与宗教的内容，无一不令他着迷。

在兴趣指引下的自主学习，让孩子的思维异常活跃，总在想问题，然后独立思考，试图通过自己的能力解决问题，如果发现能力不够，他会自发的寻求知识，构建更强的能力。没有人能比一个充满好奇心的孩子更努力。于是，接下来孩子的思维发展，完全超乎我的想象，奇思妙想碰撞出的知识和科技的火花常常令我惊讶不已。

面对堵车的时候，Tommy 说：“人人都不喜欢拥堵，为什么不想办法解决呢？”“那你有什么好办法吗？”Tommy 笃定地说："一定有！"过了一会儿，果然给出了一个"未来世界交通设计图"，区别于Tommy曾经独立设计的"城市改造计划"，大意是让交通工具自由变身，并在多维空间交错行驶。设计充满童趣、科技和非凡的想象力。看到Tommy自信并无限陶醉地描述着自己的设想，我欣喜不已。虽然孩子目前"知识有限"，但是通过主动学习，孩子自发地实践了跨学科的整合。

这让我重新思考什么是学习，什么样的学习更有意义。如果我们能对"学习"本身有更好的理解，不只盯着那些提高成绩的学习方式，而是从小培养孩子广泛的兴趣爱好，并让他们保持充足的、持久的好奇心和探索精神，他们未来才有能力应对好不可知的变化。

那么，如何做到呢?

首先是放手。只有放手，给予自由，才能最大限度地顺应孩子自然发展的规律。只有可以自由舒展身心的孩子，才能疯狂地拓展自己，发挥出无限的潜力。每一个孩子来到这个世界就是为了发现自己的潜力，如果能够在不同领域不断尝试，才能真正认识自己，更好地理解自己。如此，才足以获得真正主动学习的能力。

其次是创造环境。我们需要创造一个最适合激发孩子更广泛兴趣的环境。人们常说"兴趣是最好的老师"，一点不错。兴趣，让我们轻松地找到每一个生命的独特性，让我们特别。

兴趣也是主动学习的基础，只有从小激发孩子更多的兴趣爱好，让孩子找到自我价值之所在，这样的孩子在他未来的生命中才有可能玩转“跨界”，并在各个领域展示自己最美的才华。

我一直坚持为孩子创造环境激发兴趣，在各个领域给予孩子自由尝试的时间和空间，通过观察发现孩子的兴趣，及时为他们提供所需的充分的资源。这一点是我这些年作为母亲做到的最好的一件事。正是因为我没有强迫孩子每天要习字、算数（如果孩子真心喜欢，对此表现出极大的兴趣，当然也是好事），上各种补习班，考级拿成绩，所以孩子们总是有充足的时间和空间去做自己喜欢的事情，进行各种尝试和体验，最大限度地发展自己的爱好。

毋庸置疑，孩子未来的人生有无穷的可能性，他们的人生跨度可以很大，比我们想象得更丰富，我们不能以自己的人生和才智的局限性去构想孩子的未来，那么我们现在唯一能给予孩子的就是爱和自由，让他们尽可能地发展自己，活出最好的自我——这也是我最笃定、最坚持的方向。

在亲子育儿的道路上，我所有的坚持都是在家庭教育中完成的。与其花昂贵的费用强迫孩子上各种补习班，自己也疲于奔波，不如静下心来，坚持陪孩子做好以上这几件事。

当然，除了能力的培养，更为重要的是坚持品行的培养。有了这些受用终生的能力和优良的品行，我们自然不必操心更多了。

我很庆幸，一直以来我坚持的方向是对的，我坚持从小培养孩子的创造力，我和孩子们每天都在享受创意生活。几年坚持下来，我发现自己会变得专注而满足。只有自己的身心得到了满足，我才可以更好地回应孩子们的需求，也让我能够更有耐心，并更加用心地陪伴孩子。

我更加庆幸早早培养了他们阅读的好习惯，从零岁起就爱上了阅读。现在读书对孩子们来说就像吃饭一样自然、一样重要。虽然培养这个习惯不容易，但我现在更加确信，一定要给孩子讲故事，从不会说话的小婴儿开始，每天坚持，孩子们会受益终身的。

我坚持健身，希望孩子也能爱上运动，将健身视为生活的一部分，一直拥有健康的体魄，优美的身姿。

我坚持陪伴孩子亲子旅行，希望孩子能到更广阔的世界看一看，体会不一样的风土人情。希望将来他们可以选择各自喜欢的方式，好好经营自己的生活。

我坚持学习，充实自己的知识体系，也希望孩子能勤学善用，在书中与智慧之人对话，寻找自己的“黄金屋”。在坚持的路上，我有太多的收获，这些都是两个小宝贝送给我的意外之喜，我总结了很多奇思妙想，有很多的创意手工，在不久的将来，这些都会以图书的形式分享给大家，相信我的很多想法会让更多的父母受益。

同时我也享受生活，用心体验生命的乐趣与活力，也希望孩子不要为生活所累，不要为金钱所诱惑，懂得生命的价值和生活的要义。

自从有了孩子，我就不断地提醒自己，要让孩子活出精彩的自我，那么首先，我必须自己做到——活出精彩的自我！

其实这一切，还有更深更远的意义——让孩子看到坚持的力量，这将是为人父母给予孩子的一个最生动的示范。

如龙兄所言，坚持是一个人高贵的品质，如果你能坚持下去，那么你和孩子在不久的将来一定都有意想不到的收获。

第四章 Adjustment：调整

通过对坚持星友们中途放弃原因的分析，我发现，基本都是在 Goal（目标）、Action（行动）、Love（热爱）这三个方面出了问题。

没有目标：有的星友看到别人每天读书后，自己就像被打了鸡血，一时冲动，拿起家里的一套《经济学原理》就开始读，第一天读着读着睡着了，第二天咬牙坚持，第三天鸡血劲儿过去了，彻底放弃。

目标不切实际：有的星友目标定得太高，想要在不控制饮食的情况下，通过只跑步的方法在一个月内减肥 10 斤，跑了半个月，发现瘦了不到 1 斤，特别挫败，于是放弃。

有目标但不行动：只想安安静静地做个“思想家”，目标设定得再棒再美好，不去行动，都是空想。

行动计划太多：有的星友急迫地想要改变自己，每天让自己做很多很多事情，比如跑步、腹肌撕裂、写文章、演讲、学钢琴……同时工作上又很忙，于是开始破窗，直到全部放弃。

行动不足以热爱：有的星友想要提升单词量，只是每天背啊背，背完今天忘了昨天，但一直没有通过输出来获得成就感，也没有通过间接愉悦感带动直接愉悦感，然后就放弃了。

如果 GAL——目标、行动和热爱都做到了呢？也不一定让我们 100% 坚持下去，比如突然连续加班没有时间、身体生病没有体力、心理受到突然打击、觉得已经够了或者重复做一件事情感到腻了，都可能让我们中途放弃。就像股票和经济有波动一样，坚持的过程也是有波动的。

※ 坚持周期

通过对坚持星友们在坚持过程中的分析，我总结出了坚持周期模型，在行动的过程中，主要会经历以下 6 个时期：

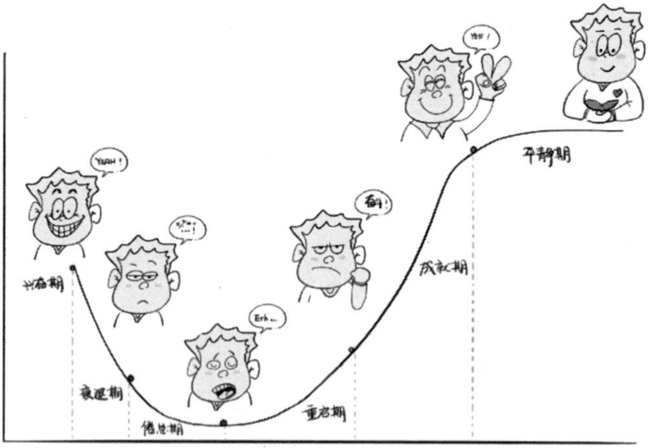

1. 兴奋期 2. 衰退期 3. 倦怠期 4. 重启期 5. 成就期 6. 平静期

1. 兴奋期

刚开始做一件事情时，往往从兴奋开始。

> 每天跑3公里，风雨无阻，高温不算什么，下雨就让汗水和雨水交织在一起吧，爽；
>
> 刚入职一家新公司，新官上任三把火，烧起来，旺起来；
>
> 新交了个男/女朋友，哎呀，怎么看怎么好，唯一的缺点就是没有缺点，我要爱你一辈子，哦不，两辈子。

2. 衰退期

任何承诺在时间面前都是苍白的，兴奋度在时间面前也一样很无力，随着时间的推移，兴奋度开始衰退。

> 既然决定坚持跑3公里，那就要跑下去！外面好热，咬牙坚持！下雨了，咬牙坚持！
>
> 三把火烧完后，好像没什么效果嘛，我再坚持一下，继续烧；
>
> 你身上也是有缺点的，没关系，人无完人，你依然是我的心中挚爱。

3. 倦怠期

当兴奋感消失殆尽，当突发状况开始增多，当负面情绪袭来，当看不到变化，倦怠期就悄然来临。

每天跑 3 公里让我筋疲力尽，天气太热了，跑下去要中暑，我不跑了；下雨了，鞋子都跑坏了，不跑了；天气不错，没有借口，但我也不想跑了。

为什么我在公司这么努力，还是得不到老板和团队的信任，是不是这家公司的文化跟我不匹配，我要留意一下新的机会；

你太烦人了，说好了我要先忙完项目再说，非让我现在就陪你，有什么好陪的！受不了就分手！

很多人在倦怠期被打败了，没有看到后面的时期。

4. 重启期

度过了痛苦的倦怠期，调整自己，振作精神，继续赶路。

跑了那么久，我去报名半个月后的 10 公里跑步比赛、还有 2 个月后的半程马拉松，是时候检验一下自己的运动成果了，耶；

原来新公司和原公司的企业文化有这么多的不同，我跟老板还有团队的沟通方式也有些问题，在新的环境，我要学会接受和适应，迎接新的挑战；

前一段时间事情太多，疏忽了对你的陪伴，我们出去度个假吧，你选地方，我买单。

5．成就期

顺利度过倦怠期和重启期后，会迎来最美妙的成就期，这个时期会产生坚持加速度，坚持的效果比兴奋期更好，容易产生量到质变。

半程马拉松我竟然用了不到2个小时，原来之前的积累都是有意义的，我就是为跑步而生的！好爱跑步，不跑不痛快，伙伴们，我们一起跑起来；

顺利完成了我在公司的第一个项目，这家公司的文化真好，老板和团队都非常给力，像一家人一样，我们一起再创奇迹；

我已经离不开你了，既然我们决定了在一起，就要相互接受和包容彼此，虽然我们都不完美，但只要我们在一起，就会让彼此变得越来越好。

6．平静期

平静期的状态可以用顾城的一句诗来形容：

草在结它的种子，
风在摇它的叶子，
我们站着，不说话，
就十分美好。

坚持周期模型适用于很多人，但每个时期的时间长短因人而异、因环境而异、因方法而异，这个模型是循环往复的，即便已经到了平静期，还是可能会重新经历倦怠期的，不过，倦怠期的来势会越来越小，我们处理倦怠期的能力也会越来越强。梳理出坚持周期模型，是希望你有个心理准备，想放弃，不是因为你不够好，而是周期中必然要经历的，无须自责。

怎样才能有效地突破倦怠期呢？

※ 突破倦怠期的 7 个方法

1. 困了累了，就休息一下

80、90 后的我们是幸福的，因为我们成长在一个物质富足的时代，没有受过父辈或祖父辈受过的苦；80、90 后的我们又是不幸福的，因为我们赶上了高房价、高物价以及经济发展所带来的环境污染，在满是高楼大厦的城市打拼，却鲜有一寸属于自己，人和人之间的身体距离是如此的近，但只有自己可以理解自己内心的孤独。

作为一位 86 年出生的标准 80 后，我和你们一样，除了要还房贷，还要照顾 4 位老人和子女。我们很努力，除了维系好自己的小家庭，还要每天拼命工作，拼命看书，周末还要去给自己充电，一分一秒都不想浪费，就是想努力提升自己，让自己和家人过上更好的日子。但还是会面临各种工作生活中的压力，怎么办？

我的价值观是：自己全力以赴就好，剩下交给时间和运气，一切都是最好的安排，一切都是生活的一部分，一切都是人生的体验。因上努力，果上随缘。

生活是一场即兴剧，没有剧本，什么都有可能发生。一次意外、工作变动、生病，都可能让我们的坚持面临挑战。我们是有血有肉的人，不是神，每个月都可能有几天情绪上的波动导致意志消沉，所谓的鸡血，来得快，去得也快。当一大波负能量袭来时，跑步不想跑、书读不进去、文章也不想写、就想跟人吵架，怎么办？我觉得，不要强撑，我们已经这么努力了，应该给自己点奖励，就像一位朋友每年奖励自己一件奢侈品。给自己放几天假，好好调整一下。今天没有解决方案，很可能过几天就有了，放一放，来个说走就走的旅行，谁规定我们要累死才能停下来？

困了累了，就休息下，但必须要记住这句话：给自己重新开始的机会。

2. 给自己重新开始的机会

2008年下半年，头马换届选举前，有位会员跟我说："你可以竞选下一届主席，我支持你。"什么？主席？我不敢相信自己的耳朵，我刚刚加入半年多的时间，怎么可能做主席，当时没当真。两天后，另一位会员跟我说："我觉得你特别适合做我们俱乐部的主席，参加竞选吧。"真的吗？我依然将信将疑。又过了两天，第三个会员跟我说：“我觉得你长得特别像我们下一届主席……”

有个成语叫三人成虎，好吧，我信你们！于是，我决定参加竞选。

跟我一起竞选主席的会员名叫Kiki，是我们俱乐部最资深的一位，会龄已经5年了，但我不怕她，我坚信自己可以赢，一定可以成功当选俱乐部史上最年轻的主席，因为有那么多人支持我。竞选时，首先是每人2分钟竞选演讲，然后会员投票，投票后直接唱票。唱票时我非常激动，感觉胜利正在向我招手，我即将当选主席，甚至开始畅想如何像奥巴马一样做个精彩的就职演讲。投票结果出来了，Kiki得了22票，我3票，完败……后来我才知道，只有那3位会员选了我。落选后，我绝望、孤独、梦碎……如果Kiki是13票，我12票，至少我还输得光荣，可是……

倦怠期突然降临，那是我在头马第一次，也是唯一一次，想要放弃，心里有个放弃小人不停地对我说：“这个地方不值得你留恋，离开吧，赶紧的。”

后来Kiki找到我，她问了我一个问题，这也是影响我一生的问题：“你愿意做我的助理吗？”什么？助理？我怎么就从高高在上的主席候选人变成助理候选人了？我思考了一会儿，给出了回应：“我愿意。”然后Kiki对我说：“你很棒，很有潜力，现在还欠些火候，我希望你重新振作起来，接下来的半年我会给你锻炼的机会，半年后，我相信你可以当选为新的主席。”

我就这样成了Kiki的助理，从回答“我愿意”那一刻开始，我给了自己一次重新开始的机会。通过接触我发现Kiki是一个非常有魅力的人，智商与情商齐飞，美貌与智慧并存。作为主席，也像个姐姐，Kiki帮我深入分析了我在竞选中惨败给她的原因：我的竞选宣言一直围绕着我自己，而她则关注俱乐部和会员的发展。她教会我如何激励团队，如何提升口语能力，甚至把她过去5年中所积攒下来的学习资料都送给了我。作为主席助理，我也会参与一些决策，凡是效果好的，Kiki都说是我的决策，凡是效果不好的，Kiki都会说是她的错误。在Kiki的指导下，我成长得很快，半年后成功当选俱乐部有史以来最年轻的主席，在输掉那次竞选之后，面对每一次我重视的竞选或者面试，都没再输过。

不管是准备放弃，还是已经放弃，请给自己一次重新开始的机会。这本书我从2014年就开始写，写到几万字之后，发现坚持能量模型不够有力，难以帮助到读者，写作一下子停滞不前。很多朋友以为我已经放弃写这本书了，实际上，我一直在观察、采访、思考和整理，去争取那个重新开始的机会。终于到了2016年，在有了更多样本和案例，对坚持有了更深入的理解后，我提炼出了全新的GALA能量环模型，重启了我的写书计划，并在GALA能量环的帮助下，顺利完成本书的写作。

3. 调整“Goal：目标”

坚持不是撞到南墙也不放弃，而是需要在撞墙之前调整方向。就像苹果公司从最开始生产电脑，之后又推出 iPod，后来推出 iPhone 和 iPad 等明星产品。如果只是专注在电脑上，苹果公司不可能成为全球市值第一的公司。

坚持星友罗斯说了好几年减肥，每次都是从斗志昂扬时开始，从失败放弃中结束，每年的健身卡使用不超过 10 次。直到她调整目标——从减肥调整为健身，目的不是追求有多少体重的减轻，而是精气神的提升。目标调整后，她不再因为体重无法降低而自暴自弃，当她每次看到镜子中自己的好精神和好气色时，就获得了很多成就感和愉悦感，之后就一直坚持得很好。

我的好友漫道户外创始人冰河，先后在西藏、四川贡嘎雪山和乞力马扎罗山遭遇高原肺水肿，如果坚持到底的话，那就无论如何都要登顶，其他事登顶之后再说。如果冰河坚持这个目标一味登顶，很可能意味着再也下不来了，所以他调整了目标，把登顶调整为活着，于是三次都选择了下撤，直到调整好身体之后，再去登顶。

另一位香港朋友 Derek 也面临过类似的选择。他在近 30 岁的时候，“抛妻弃子”去新加坡工作，工作很辛苦，每周 7 天只能睡 30 个小时，剩下的时间几乎都在加班，每个月只能见到家人一次。如果一味坚持的话，他可能会失去健康和家人，而健康和家人远远高于一份工作，权衡之后，Derek 在去新加坡第二个月时开始找工作，三个月后回到了香港，在香港新公司第一天下班后，Derek 感慨，天竟然还是亮的，他带着老婆去看了场电影，出来后，天依然是亮的，Derek 哭了，这才是生活！在新公司 15 年后，Derek 已经成为了这家上市公司的副总裁，而在头马，他也是第一位担任过大区区长的香港人。

4. 调整“Action：行动”

在坚持的路上，我们需要尽量保持住方向，但如何走完这条路，是可以调整的，条条大路通罗马，我们可以选择走康庄大道、也可以选择走羊肠小道或者迂回前进，穿过草场、沿着海岸线奔驰、经过一片树林……直至到达终点。

坚持星友小马哥的目标是练出六块腹肌，第一个月他使用的方法是仰卧起坐；仰卧起坐腻了后，他改成平板支撑，从第一天只能做 1 分钟，到后来可以做 30 分钟（这么长的时间，最难的不是需要腰腹的力量，而是要战胜趴在地上的那份孤独和寂寞）；趴腻了后，小马哥又买了一个健腹轮，每天滑啊滑，这个过程，他发现腹部的肉越来越紧，慢慢有了区别于一块腹肌的轮廓；健腹轮又腻了，小马哥开始尝试腹肌撕裂，每天跟着视频做，撕裂得爽啊；撕不动了后，小马哥参加坚持星球的平板比赛，跟伙伴们来个 PK，看谁趴得更持久……这一轮下来，半年就过去了，小马哥已经看到了腹肌的轮廓，老婆也开始表扬他，跟同事去喝酒时，不小心露出了腹肌的轮廓，同事的惊呼声让小马哥成就感爆棚，然后开启第二轮的坚持……

在头马也是一样，为了提高演讲能力，会员需要做不同类型的演讲，还能去别的俱乐部、别的城市或者别的国家的头马俱乐部做演讲，除此之外，每年还有两次机会参加演讲比赛，不想做演讲的话，可以做主持，可以去给别人反馈……这么多的选择，不管做什么，都可以实现提高演讲能力的目标，领导力的提升也是如此。我算了一下，从新会员开始，一切顺利的话，最终做到全球主席，需要大约 15 年的时间，有这 15 年的积累和沉淀，一个人早已质变多次。

有一位坚持星友，通过每天跑 5 公里的方式来减肥，刚好跑完 21 天，发现膝盖酸痛，坚持星球的跑步“大牛”帮她做了分析：1. 跑步姿势不对 2. 跑步量太大 3. 跑步前没有热身和拉伸。后来她听了“大牛”的建议，调整行动计划，比如学习正确的跑步姿势，从每天跑 5 公里变为隔天跑、中间一天做无氧运动，跑步前先做 10 分钟拉伸，这些调整非常关键和有效。

5. 调整“Love：热爱”：让“二社四感”成为坚持能量站

当一个人充满能量时，就可以更好地迎接挑战，让自己的能力超水平发挥；而在情绪低落、没有能量时，很容易放弃，甚至去麻痹自己、逃避困难、消沉下去。所以，在没有能量时，千万不要自暴自弃，而是，去给自己加满能量，“二社四感”就是最好的坚持能量站。

2012年，青岛有两家头马俱乐部，但两家俱乐部都因为各种原因失去了活力，只能勉强维持着，老会员流失，新会员又难以补充，恶性循环，俱乐部管理者们渐渐失去了信心，随时准备“破产保护”，Rick就是其中的一位管理者。作为同行，我和Rick有过一些培训上的合作，他在一次电话中跟我吐露青岛俱乐部面临的处境，也告诉我说他准备离开头马。如何给Rick补充能量呢？最后我把他带去了头马峰会。

在头马，每个大区每年会举办两次峰会，每次的峰会时长是2天2夜，约500～600人参加，在峰会上，会员可以欣赏三场演讲比赛的决赛、听到世界冠军或全球主席的主题演讲、听到数位牛人的工作坊、还能参与晚宴的游戏和热舞中，总之，峰会就像一个超强能量站。

那是Rick第一次参加峰会，也可以说，那是他第一次参加青岛以外的头马活动。这次峰会给Rick的体内注入了满满的能量，他惊呼：原来头马还可以这么玩！充满能量后，Rick恢复了激情，回到青岛，他开始招兵买马，成立了一家新的俱乐部，用他的能量感染了很多年轻有为的会员。能量是可以传染的，从那时开始，另外两家俱乐部也被带动起来了，青岛头马重新恢复了活力。2014年，在我担任大区区长时，

Rick 作为峰会主席，成功举办了青岛峰会，到现在，青岛已经建立了 11 家俱乐部。

当我感觉能量不足时，只要去头马俱乐部做个分享，听到台下会员的掌声和欢呼声，立刻就能充入一些能量；或者给一位正能量朋友打个电话、出去跑跑步、跟坚持星友聊聊天、去不同社群做个分享、参加大型峰会等，都可以获得坚持能量。

想想看，你身边有哪些坚持能量站呢？比如：

一篇浓鸡汤文章——那就去阅读；
一个正能量社群——那就去加入；
一位高能新朋友——那就去结识；
一场高规格峰会——那就去参加；
一场挑战性比赛——那就去报名；
一位超优秀标杆——那就去约见；
……

在坚持能量站加满能量后，就可以更有效地突破倦怠期。

6．升级格局和目标

自曝一下，我从小在天津的农村长大，上大学前没坐过火车和飞机，没走出过河北省的“包围圈”，人生第一次坐火车就是从天津到上海读大学。还记得大一那年刚到学校报道时，我看到一个个时尚养眼的同学，真是亮瞎了眼睛。我呢？穿的是白衬衫、牛仔裤和皮鞋，还戴着一条亲戚送的铁项链，关键是我自己还觉得这是我最时尚的一套衣服……你能想象那时的我有多土鳖吗？

想想这些年的变化，我必须要感谢我的父母，很不舍地把我送到千里之外的上海读大学，让我开阔了眼界，升级了格局。

在上海，我得到的志愿者机会是世界短池游泳锦标赛、佘山高尔夫冠军赛、F1上海站；我在学校里结识的是来自长三角这个中国经济最发达区域的同学；我可以亲眼见到许许多多500强公司的总部大楼；我能感受到中国发达城市的节奏和气息……

我们高中同学每年春节举办一次聚会，发现一个有趣的现象，在大城市读书的同学，一年比一年洋气，而在经济落后的偏远地区读书的同学，则还是那么的……罗胖曾经说过，高考填志愿，按重要性排序是：城市、学校、专业，城市最重要，专业最不重要，这个观点跟我一致。很多亲戚朋友问过我，毕业后到底要留在经济发达的城市，还是回到老家？我的回答是，能留的话，就留在经济发达城市。在这样的城市，我们所接触到的人和公司，以及可以获得的机会，是老家远远比不了的。在老家，如果父母花很多钱托人给我买了份安稳的工作，然后安稳地娶妻生子，再按照既定轨迹过完一辈子，这样的生活对于我来说就是等死。按照我的价值观，人生很短，我们应该尽情去经历、去折腾、去实现我们的价值、去让这个世界因为我们而变得更美好一点，这样才算没白在这个世界上活过。当然，每个人的价值观和追求不一样，我也尊重每个人的选择。

对于有追求的我们来说，需要放大自己的格局，孔子说："取乎其上，得乎其中；取乎其中，得乎其下；取乎其下，则无所得矣。"按照我的经验，期末考试目标100分，往往可以考90分以上，而如果目标是60分，那很可能不及格。

目标在合理的范围内，尽量定得高一些，要相信你的潜能是超乎想象的。

如果我们心里只想着每天需要做20个俯卧撑就很难坚持下去，那为什么不升级为练出胸肌呢？如果我们心里只想着每天需要写出一篇文章就很难坚持下去，那为什么不升级为出版一本书呢？如果我们心里只想着每天需要写一行毛笔字就很难坚持下去，那为什么不升级为办个书法展呢？不想做将军的士兵不是好士兵，不想做全国冠军的头马会员不是好会员，不想做总经理的员工不是好员工。格局不同，目标不同，行为模式就会不同，而结果，也会不同。

在头马，每年也有人选择离开。有些人是失败的离开，他们在还没有积累足够量变或者在即将质变前，觉得头马是没用的，于是离开了，我为他们感到遗憾；而有些人是成功的离开，他们在头马多次质变，获得了能力、自信和资源，然后在公司升职加薪、或成立自己的公司、成立脱口秀社团、成立话剧社团……我为这些会员感到骄傲。头马不一定是一个让你坚持一辈子的地方，但它一定希望你成功的离开，这也是我们在头马坚持的意义，当羽翼丰满时，便拥有了更广阔的天空。

时代趋势在变，内心也在变，唯一的不变就是变化。目标不是设定完之后就永远不变了，它需要随着格局的扩大被不断地升级，直到有一天，它可能被升级为梦想。我在刚加入头马时，目标只是提高英语演讲能力，这个目标实现后，新的目标升级到成为培训师，再之后我就找到了自己的梦想。

乔布斯的梦想是改变世界，马云的梦想是让天下没有难做的生意，埃隆马斯克的梦想是在火星上退休。在大格局和大梦想下，眼前的很多小事儿都不是事儿，生命如此精彩和短暂，哪儿有时间去浪费。

7. 回顾 GAL，与内心对话，勿忘初心

成功的路上并不拥挤，因为能够坚持住的人真心不多。在倦怠期，我们找不到坚持下去的意义，我们看不到变化，看不到出路，我们只看到身边太多逼迫自己放弃的诱惑。让自己继续坚持下去的最后一道防线，就是我们的初心。当自己想放弃时，或已经放弃时，找一个夜深人静的夜晚，一个人，

静静地回忆，当初为什么要上路，还记得自己的目标吗？还记得自己的梦想吗？还记得曾经为此而付出的大量行动吗？还记得行动中收获的快乐、成就感和一次次质变吗？我要不要继续启程，继续在路上？

2014 年 5 月 17 日，我成功当选大区区长，那是我曾经在头马的最高目标，在那一天，我做到了，而我的下一个目标是：带领 85 大区获得历史上第一个世界第一大区荣誉。竞选结束没几天，还没来得及好好庆祝，前任大区区长和另一位资深会员就秘密约谈我，他们跟我说，我需要在头马和坚持星球选择其一。我承认，在完成 8 小时工作后，我的业余时间本来就不多，确实难以兼顾头马和坚持星球两大组织，二者在我心里的优先级反复调换，无法专注，两手都想抓，两手都不硬。他们很理解我，但需要我做出决定：辞职大区区长还是放弃坚持星球？那一刻，我的内心非常痛苦，坚持星球就像我的孩子，帮助很多未曾相识的人一起坚持，让大家把每一段坚持的经历变成一个个精彩的故事，这是一件多么有意义的事。但头马也像是我的亲人，没有头马，也不会有坚持星球，我更应该感谢头马。所以，我做出决定，暂停坚持星球，做好大区区长，让 85 大区成为世界第一大区，闪耀全球。

2 年过去了，我们如愿拿到了世界第一，大区区长职位也顺利卸任了，在头马最繁重的工作结束了。心中的那颗初心时常在我孤独时跳动起来，我静静地感受它，它提醒我，我需要做些什么。恰好有一天，青岛的 Rick 来上海找我小聚，我跟他说起了自己的感受，就像上次说服 Rick 去参加峰会，这次 Rick 对我说："你应该给自己重新开始的机会了。"

我作为坚持的最大受益者，有义务让自己的业余时间更加有价值，我需要帮助更多的人，通过坚持行动，收获由量到质的改变。我想为愿意通过量的积累获得质变的朋友们建设一个充满能量的地方，这个地方，就是坚持星球。

※ One More Thing

是时候说说梦想了。梦想是什么呢？我认为：

> 梦想是图景，来自未来，很清晰，还未实现，但想一想就能让自己充满能量；
>
> 梦想是希望，如果没有希望，我们会失去前进的方向和动力，麻木地生活着；
>
> 梦想是稳赢，即便最终没有实现，我们也会因为这一路上的经历而收获满满。

靠谱的梦想往往不是凭空想出来的，而是在行动的路上找到的。实现梦想的力量，来自一次次小目标的完成和失败之后的反思。如果你真的想实现自己的梦想，全世界都会帮你，并给你惊喜。就像马云说的："梦想是要有的，万一实现了呢。"

对于很多人来说，最难的不是去实现梦想，而是根本不知道自己的梦想是什么。

梦想也是有阶段性变化的，如何才能找到自己当下阶段的梦想呢？我分享给你一个方法，这个方法不是我原创的，我在对原始方法进行改善后，和一些朋友亲自尝试过，非常有效。

※ 内化实践：寻找你的梦想

我需要你在头脑清醒时为自己准备 1 ~ 2 个小时的时间，关闭手机和房门，让自己处在一个绝对安静，可以保证极致专注的环境中，陪伴你的只有这本书和 1 支笔。

1. 认真回答下面的问题，想到什么就写下什么，哪怕写下几十上百个。

我这一生到底想要什么？

2. 去掉虚幻的、假大空的、骗自己的所谓的梦想，选出那个最真实的、最触动自己内心、甚至把自己感动到流泪的梦想。如果你可以想象出一副未来实现它的图景，那就可以确定，这就是你这一阶段的人生梦想。请相信，这个梦想一定可以实现。接下来，请继续。

3. 认真回答下面的问题，想到什么就写下什么。在众多实现的方法中，选出那个让你觉得最能够实现的一个，这就是你为了梦想要去做的事。

怎样才能实现它？

4. 全力以赴去做，剩下的，就交给时间和运气。

※ 故事 & 分享

◎坚持不抱怨◎

——曹婷婷

坚持星友曹婷婷，英文名字 Lucy。Lucy 在 2016 年做了一个重要决定——坚持不抱怨。这 5 个字，看似简单，实际真的很难，不信你自己试试。在这个过程中，Lucy 遇到了很大挑战，但她没有放弃，而是通过调整，继续坚持，直到质变的到来。

我一直觉得自己是一个比较积极乐观的人，设定这个目标，是因为我以为不抱怨就是要怀着一颗感恩的心去面对生活中的一切，我希望借此机会让刚刚生完小宝宝的自己活得更开朗、更喜悦。

初心很简单，然而一旦因为有了这个目标而每天观察自己，才发现，抱怨的话于我而言，往往是不假思索地脱口而出，有时候甚至说出来后还不自知，一天之中至少要说个四五次，如果某一天心情不好看什么都不顺眼时，抱怨个十几次甚至几十次都有可能。原来，抱怨已经成了我的固有行为模式之一，非下大力气才能改变。

随着坚持的继续，我开始慢慢地练习闭嘴，如果不是有建设性的话就宁可不说，即便下了这样的决心，有时候依然会不自觉地说出抱怨的话来，更多的时候则是虽然不说出来，在心里，那抱怨的声音却一直喋喋不休，犹如滔滔江水、连绵不绝，我的内在竟是那么的吵闹与纷乱。

再后来，每次心里有抱怨的声音发出时，我开始反思：抱怨的时候我真的只是因为有怨气、对他人或是环境不满吗？当我抱怨时，我到底想要说什么？

经过一段时间的密集观察与记录，我发现，原来，我抱怨的背后是这些：

1. 我不接纳你的行为和我预期的不一样，我不接纳你和我有不同的思想、不同的价值观，更进一步，我不接纳你和我不一样；

2. 我是好的，你是坏的或是不好的，我是对的，而你是错的；

3. 当我犯了错误或是对自己不满意时，比如我很烦躁并且觉得不应该烦躁、不接纳自己真实的情绪时，我不愿意承担责任，而是把对自己的批评与攻击推向外面、转而抱怨或是指责他人；

4. 我的情绪、感受由你做主，是你害得我如此这般，都怨你，我不想为自己的情绪和感受负责，也不想为自己的人生负责；

5. 我希望被你看见、被你理解和接纳、被你爱和包容；

……

当得不到这些时，我转而抱怨……

看到内在这些真实的声音，我突然有了一个深刻的领悟，这些声音竟然跟我从小到大从妈妈那里听到的一模一样，妈妈就是用不断地抱怨、不断地述说自己不想要的来索求自己想要的一切，然而，在她的不断唠叨之下，爸爸和我都变得很沉默，甚至抵触和她聊天与沟通。我以为我反叛并逃离了妈妈的模式，事实上，我还是不知不觉间将童年时期这种外在的环境内化成了自己思维模式的底色，一旦稍有压力、痛苦或是纠结，那些所谓的沟通技巧全都抛到了九霄云外，剩下的就是这些人生最初的印记与刻录。

有了这一番体会，我才真的想要换种方式来表达自己。我开始渐渐摆脱抱怨的模式，转而尝试着直截了当地告诉他人自己真实的想法、感受与需求。这对我而言是很艰难的，因为，述说自己的想法与需求与我惯常的、以抱怨所表现出来的强势姿态截然不同，这种述说意味着不安全、意味着在我不知道对方想法的时候首先要真诚地袒露自己、意味着暴露自己的脆弱与无助，我害怕因为敞开心扉而受伤、担心被对方无情而冷漠地拒绝……这种怕更是跳出“舒适的”习惯模式所带来的对未知的恐惧。

还记得当我第一次试着这样表达的时候，即使是面对最最亲密的爱人，即便我憋在心里的话只不过是简单的诸如“你刚才那样跟我说话，我觉得很伤心，因为我很在意你的看法，我希望你能够关心我、理解我”此类，可真的说出来的时候，依然感觉很艰难，一字一顿、磕磕绊绊以及长久的空白。而且伴随着内在的不确定与犹疑，我的身体会不自觉地颤栗、出汗、发冷，有一瞬间，我几乎想要停止说话。然而，当我真的断断续续地说完，即使还没有得到对方的反馈，自己却感受到一身轻松，甚至是解脱。

原来，不抱怨是可以的；原来，真诚地表达是可以的；原来，说出自己真实的声音也没有什么大不了。重要的不是对方是不是允许，而在于我是否能够真正地接纳自己，允许自己真诚地自我表达，我是否敢于脱下强硬的、抱怨的盔甲，而以真实的脆弱去面对他人。

从这以后，不抱怨对我而言变得更容易一些了，因为，我不再仅仅只能发泄自己或是压抑自己，而是如实地说出自己的种种担忧、害怕、不安、紧张、气恼……通过这种完全不同的表达方式，内在长久积压的怨气也似乎少了许多。更为重要的是，我学会了看见、接纳以及表达自己内在真实的声音，学会了在情绪与感觉上为自己负担起全部的责任，学会了在沟通之前首先爱并照顾好自己。

到今天为止，这项“不抱怨”的挑战已经进行200多天了。一路走来，真得很不容易，庆幸的是，我坚持着走过来并仍将继续走下去，不知道接下来还会有怎样的感悟与收获，我充满期待。

◎从胖子到型男的蜕变◎

——沈志伟

沈志伟，英文名字 Jovi。第一次见到 Jovi，就被他硕大的胸肌震撼到了，如果用个流行词来形容的话，那就是 CBD 啊，平时是 B，做几个俯卧撑后就变 C，做完卧推完全充血后，可以达到 D 的水准。Jovi 是个培训师，每次他走入教室，都会听到众多女学员的惊呼声，当然，也会引来男学员们的羡慕嫉妒恨。但你知道吗？型男 Jovi，曾经是个大胖子。他到底是怎么做到的呢？

在我看来其实人生本不以结果论英雄，不是有那么一句话吗："人生的美好在于沿途的风景，和看风景时候的心情。"这么说来远方的诗，耳边的歌，脚下的苟且，都是风景，我们都应该微笑面对。远方在哪里，谁也说不清楚，但一步一个脚印会在路上留下足迹，每一步的脚印都扎实有力，每一步的付出，都有美丽心情相伴，也许脚下就是远方吧。

2009 年的夏天，当年我还在某著名国字头媒体混日子，没错，就是你能想到的那四个闪亮的英文字母。如今老东家已经鸟枪换炮，搬进大裤衩，过上了幸福的日子。那是一段令人难忘的岁月，我和同事们日以继夜地奋斗，就是为了一个项目的倒计时结束之后，另一个项目的倒计时开始。那个时候的伙食很不错，每天加班还有专人送宵夜来，于是社会主义的优越性全都体现在我们这组人的腰围上，我也达到了人生巅峰时刻：86 公斤。

还是那一年，各种真人秀节目异常火爆，组里有几个小兄弟也被鼓舞，跃跃欲试的打算投身选秀大军。可奈何我们这些人五音不全，身材不妙，要腔调没腔调，要个性没个性，就算想讲个煽情的故事都编不出来。作为从业人员，我们自己都瞧不上自己。一天，组里的年轻编导举着一张广告纸冲进了办公室，宣布他准备出道，投身选秀节目。他要参加的这个节目从立意上看还挺独辟蹊径的：不要求唱歌跳舞的才艺，不要求感人肺腑的煽情，只要努力坚持，就有胜出的希望，更重要的是还有10万块的大奖在招手，这个节目叫《塑身达人》，你可能觉得这个节目很没劲，确实，我也觉得挺没劲的，所以后来只做了一期就销声匿迹了。但对我来说，那段日子的所有喜乐都因汗水变得闪耀，因坚持让每个参与者引以为傲。

当年，我们这个小兄弟去报名的那一天，面露难色的跟我商量，想让我陪他去，凑热闹的事儿我自然义不容辞。海选的现场是一个健身房，一进门就觉得people mountain people sea的，来的人各个珠圆玉润，我顿时领悟到节目的真谛！什么塑身达人，其实就是减肥训练营嘛！再低头看看自己自带的游泳圈……我也只得叹口气，承认自己其实也没来错地方。

我坐在门口等那个小兄弟出来，想听他讲讲这个“新意十足的节目”有什么雷人的趣闻。却不料没5分钟，人家就跑出来了，手里还拿着两张报名表，说是给我也拿了一张，让我陪他一起报名。此刻我感受到了来自同事之间深深的恶意，心里默默骂了他无数次后，然后借了一支笔，欣然在报名表上签上了自己的大名，毕竟我确实是一个胖子。海选过程其实挺简单的，总结起来就是各种量，各种称，然后各种问问题，录像，拍照，穿难看衣服……这一套咱都熟，配合得可好了，不就是为以后 Before / After（前 / 后）对比做准备吗，做节目效果这点事儿咱懂。就这么着，我们俩莫名其妙的就入选了这个减肥训练营，算了，还是叫人家的大名吧——《塑身达人》。

坚持是真性，元神助本心

接下来的日子还是挺认真的，我们分了组，配备了私人教练。然后定制了 60 天的训练计划，来看所有人在 2 个月中的变化。第一次上课是在京城 CBD 某健身房的操房，满满当当的来了小 100 号人。这 100 个胖子挤在一起，蹦蹦跳跳的，场面壮观不壮观的我没看监视器也说不好，但是动静挺大的。

作为一个每天工作 16 小时的民工，平时我根本没什么运动习惯。第一节课安排了 60 分钟的跳操课程，强度可是不小。刚开始还说说笑笑的胖友们，也就 10 几分钟的光景，全都安静了下来。我也没好到哪里去，课程进行还没到一半我就觉得呼吸困难了，我偷偷看看旁边的人，各个面红耳赤，大汗淋漓。此刻操房里震耳欲聋的音乐声似乎渐渐地变得沉闷了，我听到自己的呼吸以及心跳的声音。我努力把动作做到位，哪怕是比划到位也可以，因为我不想隔壁的胖子说我没用，更何况大家都在咬牙坚持。于是我告诉自己这会儿昏倒还有点儿早。

60 分钟是这么漫长，台上的教练像蔡依林上身一样，越来越疯，踢腿、开合跳，节奏越来越快。而我的马步、下腰却越来越慢，后来觉得每一次呼吸都开始有血的味道，头脑也变得不清醒，甚至视线都出现了弧形畸变，这时候我脑子只有一个想法，就是坚持……

再坚持一下……

还没有人晕倒……

我不能第一个晕倒……

这是第一节课……

不能第一个晕倒……

第一个晕倒的人不能是我……

还没人晕倒，绝不能晕倒……

就这样我的思想跟着音乐进入了饶舌模式。说实话，如果不是每一次抬腿，每一个举手肌肉都传来刺痛，我也许真就晕过去了。

第一节课结束后，闷热的操房里哀鸿遍野，横七竖八地躺着小 100 号人。没有人抱怨，因为所有人都在大口地喘气。我也躺在地板上，尽量的享受地板传来的这一点点凉意。我想这个时候我大约可以晕过去了，因为大家都躺在这里残喘，晕过去也不那么明显了吧。可转念一想，不行，我必须要起来，我必须要走出去，因为我确定一件事情，外面的自动贩卖机里面一定装不下 100 听可乐，而这个时候想喝可乐的一定不只我一个人，等我的胖友们都起来了，我的可乐就没有了……果然眼前的苟且产生了最大的动力，我站了起来，晃晃悠悠走向了自动贩卖机。

第二天的课程是单车，也就是骑自行车，骑车是坐着骑的，也许不会太辛苦，第一次课教练一定是想给我们这些胖子一个下马威，第二天应该轻松点吧，总不能天天高强度训练……我这样安慰自己。但是我错了！单车课程模拟山路骑行，一进门几十台单车摆在房间里，屋里黑着灯，只有几个幽蓝的小灯渲染着气氛。音乐响起来，带着肌肉的酸痛，我努力地想把车轮踩动，跟上音乐的节奏，可是这并不容易，动感单车的车轮是死飞，只能顺时针向下踩动，不能停下来休息，也不能减速，这意味着只要开始，就只能不断被车轮带着往前猛蹬，而且车轮是实心的、不锈钢制造的，沉重无比。屋子里的气温很快燥热起来，就在我拼了命加速，终于赶上节奏的时候，教练一声令下:“接下来我们开始爬山，每人加大一圈半阻力。”所谓增加阻力就是在车梁的位置上有个旋钮，顺时针旋转的时候会引导自行车的闸皮摩擦车轮，从而增加阻力，实现提升运动强度的目的。屋里很安静,所有人都吃力地蹬着脚踏板，此时的音乐变得缓慢而不再狂躁，我又闻到了呼吸中的血腥味。不久，实在坚持不住的我开始想要偷懒了，我的屁股下意识地离开了自行车的坐垫，站立骑行。瞬间就被教练发现，呵斥道“坐下”，简单粗暴，不容辩驳。要知道在模拟上坡骑行这个环节中，站起来骑行意味着可以借助身体的重量将脚踏板踩下去，带动车轮运转。但是如果坐下，所有的发力都要依靠腿部的肌肉，而长时间的踩踏，再加上昨天跳操带来的疼痛，让我的身体感受到了前所未有的针刺感，尤其是腿，就快抽筋了。一个邪恶的念头在我心里慢慢抬起头来：这里这么黑，我现在晕过去，应该不会被看到吧？

课程渐渐进入尾声，模拟骑行也度过了最艰难的部分，开始进入整理运动，也就是平路骑行。这时候音乐变得轻快了许多，脚下的踩踏也顺畅了一些。教练带着大家冥想，滨海公路，沙滩，海浪，清风徐来、夹杂着咸味……别说，其他的我都没感觉到，咸味我闻到了，这屋里几十个胖子个个都跟刚从泡菜坛子里捞出来一样。

就这样，每周 6 天课程，每天 1 小时大运动量有氧训练给那年的酷暑留下了很多汗水的记忆。随着时间的推移，来上课的人越来越少，教练倒并不在意，反正也是一个筛选的过程，不来就不来吧，可我却每天都坚持出现在第一排。我并不享受这种痛苦的训练，但我不想让同事有理由退缩，这也许是一种责任吧，因为我们彼此都很清楚，只要缺席一次，可能两人就找到了放弃的理由，前面的一切努力和所承受的痛苦也就都付之东流了。转念想来，目标有 60 天的期限，咬牙总能坚持下来的，我的工作性质就是每天数项目倒计时，咬牙和团队里的每一个人坚持撑过每一个时间节点，这对我来说应该可以做到。

我说的困难太多了，有点像个怨夫，抱歉！其实我想说，就像白嘴吃馒头，只要慢慢地吃，慢慢地品，单调的味觉就渐渐会被一丝丝的甜意唤醒。同样，单调重复虽带来身体的空乏，但运动之后心情是美丽的。锻炼的时候拼命，一心一念，却也让锻炼变成了一段逃脱现实的时光，那一刻不需要思考，只需要简单地把注意力放在眼前的动作上，专注于眼前就好。那份清净和运动结束后的畅快感，算是空乏其身后的心灵反哺吧！我开始迷恋这份体验，每天只是为了这份清净，加上大汗淋漓之后的畅快，驱动着我对第二天充满期待，每一个明天如约而至，我也终于熬到了 10 天倒计时。

训练之苦只是一部分，随着训练的不断推进，我们也学习到了一些减肥方面的知识。所谓减肥也好，塑身也罢，其实都是跟自己的脂肪斗智斗勇的过程。那么脂肪是什么呢？脂肪就好像人体的电池，用来存储人体暂时用不上的能量。吃进去的东西多，身体暂时用不上的就都转换成脂肪，存着。我们正常人（非运动员）通常情况下，每天大部分时间都是相对静止的。上班坐着，下班回家看电视，休息，吃饭也坐着，晚上睡觉躺着。歇着的时候多，运动的时候少，这样一来消耗的就很少。而吃进去的能量消耗不掉，就都变成脂肪存在身上，自然也就变胖了。所以每天加大运动量，增加消耗就能减肥。而要想加速这个过程，除了运动以外，少吃也是必不可少的。正所谓迈开腿，管住嘴，就是这个道理。我被迫和我的今生挚爱——可乐道别，而我其他的挚爱也都暂时只能放在一边。

教练要求每天的饮食少油、少盐、少主食、低热量。这四个词各位看官请再读一次。如果排除这四大范围之外，请问你脑海中还剩下什么食物？这个问题难不住我老妈，她老人家突破性地找到了海带和白水煮虾仁这两个符合标准的食物。各位看官请注意，是白水煮虾仁，不是白灼虾仁，区别是不放盐和调料。我从开始训练后不久就开始每天上班带饭，以便严格控制饮食，希望自己不要因为吃错东西，导致体重反弹。可是每天打开饭盒的一瞬间，是扑面而来的一股臭味，也就是蛋白质氧化的味道，俗称鸡屎味。

就这样，每天重复单调的训练，吃乏味甚至难以下咽的伙食。一种生无可恋的负面情绪在我和身边的伙伴中间开始蔓延。咬牙坚持到了50天关口，身心俱疲。体重的确降下来了，86公斤的我渐渐回到了80公斤以内。可是我也不是特别开心，因为这一切太辛苦了，以至于我开始想方设法鼓舞自己。我答应自己活动结束就奖励自己iPhone手机，答应自己买新的Mac电脑，换新的单反相机，甚至答应给自己换辆新车，换台路虎！可是物质上的奖励都似乎失去了原有的光环。能推我去健身房每天继续训练的并不是什么远大的理想，有时让我迈开腿的只是每天晚上洗健身衣裤时的一点点成就感，汗水浸湿的衣裤证明了我今天的努力。做个努力的人真好，坚持做一件事，无论是什么都是对自己的交代。这是内心的平和，对自己就少些套路，多点真诚吧！

坚持每天训练，同时坚持每天控制饮食是你非常有挑战的事情。尼古拉斯·赵四儿曾经说过："没有什么是不能用一顿饭来解决的，如果解决不了，就用两顿饭来解决。"而我哪敢奢望美食，在减肥的这个阶段想吃饱是不现实的……有段时间实在太饿了，我在楼下买了一包烤红薯片，吃第一片的时候真是热泪盈眶，太好吃了！那段日子每次走在回家路上，看见沿途的餐厅、面包房甚至快餐店，对我都是一种心理折磨，似乎好吃的东西都不断向我招手。在这种身心煎熬之下，有人选择了离开，带来的好处就是越来越宽敞的操房和一排排空置的单车。

猴子派来了逗比

说实话，坚持二字的重量远远超过我这段废话里面所有字的总和。一开始那些支撑我走下来的所谓的面子、倔强以及对我来说还算得上诱惑的10万元大奖都变得无比渺小和脆弱。而能真正拉动我前行的是一个个渺小、现实甚至卑微的理由，比如两片红薯片。但是我也清醒地知道不能对自己太好，因为只要将红薯片换成一听可乐，或者一块炸鸡，或者一小包薯条…… 这些都能让我精神上完全土崩瓦解，随之而来的一定是自责和罪恶感。在我看来相比内心的煎熬，还是继续保持对美食的爱慕，远观而不亵玩就好了。

就在曙光即将照进现实的第58天，传来了一个噩耗。比赛被延期了！原因很简单，我们的表现还远达不到主办方当初设想的状态，要知道平时我们看到杂志和电视上的那些Picture Perfect（照片般完美）的身材绝不是仅仅减肥就能拥有的。那需要更多器械训练，由肌肉来支撑才能还原身材的轮廓，让上镜看起来才不会那么干瘪，于是比赛被无情的延长到了100天。宣布延期的那天全场肃静极了，我知道每个人都在掂量自己的极限，也在权衡是否这一切都值得。

隔天是周末，也是活动开始第60天的正日子。那天下了课，我们一堆人说去吃饭，也算是个仪式，告别一下过去的两个月。我们的社交方式还真是缺乏新意，除了吃饭似乎也没有更好的选择了。但是我们真的可以去吃饭吗？带着这个问题，我们一堆人走进了一家烤肉馆，从此气氛开始变得诡异。一部分人点了烤肉自助，而另一部分人冷静地在吃蔬菜沙拉。肉过三巡，菜过五味，压抑许久的情感终于爆发了。训练营中一位稍微年长的大哥，端起酒杯，顿了顿，开始宣泄“负能量”，并且最终表示自己不会参加接下来的训练了。这次吐槽大会后又送走了20几号人，相比60天前，已经有超过1/3的人主动选择了离开。

放弃是一种选择，是个人自由意志选择的结果，我相信在做出最终决定的前一刻，每个人都在纠结，也有许多的不舍，但个人的自由意志是应该被尊重的。其实我也能理解，减肥也好，塑身也罢，本就非生活必需品。身材是一种奢侈品，要吃对食物，要充足休息，要保持运动，今天的职场众生到底有谁能做到上述三点？而且是无休止的一直做到这三点。我还记得以前工作原因合作过某M姓女明星，晚上收工宵夜，不管我们吃什么，M小姐永远是白灼芥蓝，或者是一份娃娃菜，甚至我曾经见到她在冷餐会上端着一杯果汁，直到离开也不曾喝完整杯，保持身材算是奢侈而残酷的人生终极挑战吧！那位年长的大哥坦诚自己做不到了，要工作、要出差、要应酬，即便现在坚持做到了，至于未来他也不认为自己能坚持下来。

自由意志的选择让20几号人选择了离开，而剩下的人呢？自由意志让我们留下。接下来的40天中，主办方为我们准备了器械训练课程，也就是传说中的举铁块、各种哑铃、杠铃以及名目繁多的器械粉墨登场，每次上课，健身房里的哀嚎声、呻吟声响做一团。如果说有氧运动是为了加大身体消耗，甩掉脂肪，那么器械运动则是为了撕裂肌肉纤维，让新生的肌肉纤维更粗壮，支撑身材曲线。所以相比前60天的折磨，后面的这40天训练增加了另外一份礼物：疼痛。这种疼痛并非无法忍受之疼痛，但是因为每块肌肉都疼，整体加在一起还是挺不舒服的。而一个周期的训练为4天，也就是说每4天就要把好不容易已经恢复的肌肉再拿出来练一次，然后重新刺激，直到疼痛为止。有人曾经说过：不是在沉默中爆发，就是在沉默中变态。我经历了这几十天的折磨可能已经变态了。每次训练我也怕疼，甚至会抱怨，但如果真的练完不疼，我心里更不安，可能是因为不疼代表我不是足够努力吧。

决赛前，北京区最后剩下的几个入围选手一起飞去上海，与其他来自全国的选手会面。当天晚上我们在录制现场旁边一起吃了一顿“壮行饭”，我要了一小碗白米饭，和一碗皮蛋瘦肉粥，我实在太饿了，借着皮蛋瘦肉粥的咸味，我吃了碗米饭，剩下了大半碗粥留在碗里。

连点成线，不忘初心

我要感谢龙兄给我这个机会，一来是能给大家讲这个小故事，感到很开心，二来也让自己坐在这里认真地回顾一下7年前的那个夏天，重新审视发生的一切。后来有人问我为什么能坚持下来，到底有没有在中间产生过放弃的念头，坦率地说我不只一两次有过想放弃的想法，也正是因为有过放弃的想法我才懂得坚持的重量和不容易。每个人都有选择的权利，而自由意志选择的坚持才是我们全篇讨论的话题，在我的故事中无论是选择留下或者离开都同样值得尊重。我们都曾经“被要求”坚持做一件事情：小的时候父母要我坚持上奥数班、坚持学吉他、坚持每周末去补习班上课，等等…… 这些坚持都没有好结果。而这一次我的坚持似乎不同，我在期待我自己能坚持下来。在整个过程中那些外因渐渐地被剥离，变得不重要。回头看看这100天，也许动力就是我内心的表达，因为我还在意，在意我是谁，我从哪里来，是否还能回到哪里去。

对我来说很多事情是缘分，是天时、地利、人和的结果，虽然这种说法有点属灵的意味，但却是我世界观的一部分。在我看来，周遭事物并不以我的意志为转移，无论工作还是生活。换句话说，付出100倍努力不一定有10分的回报，虽然万事万物皆因果，却非等比例因果。这种无奈让我怀念学校的生活，原因很简单，付出与回报成正比。而似乎在减肥这件事情上，我再次找回了等比例所带来的公平的感觉。这种感觉真好，投入了时间，就会发生改变，付出了努力，就一定收获惊喜。

生活中不都是这样的等式，却处处有机会被我们的坚持和努力改造。有时目标小一点，脚步慢一点，就能由量变到质变。有时晚一点放弃，等一秒再趴下，就会多一分收获，而收获也许就是第二程路上最需要的勇气。

坚持，有时候无须强大的理由，无须宏伟的目标，一块红薯片，一点成就感，也许就能呼唤神龙。简单重复的日子，让自己和内心相连，单调和重复也能收获快乐，让心情和风景同样美丽。退一步讲，当问题来了，用逗比的心态，调整自己，从容面对，哪里摔倒，就在哪里睡一觉，然后再出发。当一切都过去，回头眺望来时路，连点成线：100 天前，86 公斤，100 天后，体重 71kg。

这个故事发生在 2009 年。这 100 天的经历最终改变了我的生活轨迹，活动结束后，我便离开了供职多年的单位，结束了第一段 7 年之痒，之后我加入了一家令人尊敬的公司直到今天。此刻龙兄引领的这个关于坚持的话题拥有诸多现实意义，生活的压力、周遭的诱惑以及日益突显的拖延症，此刻呼唤坚持，能让我们在追寻的路上去面对更好的自己，正当时！

从专业的角度上说，陋文的最后应该号召下行动，在此，我只想分享下我的微信签名和各位看官共勉——不忘初心，壮志如昨。

龙兄插播一句，Jovi 最终获得了那次《塑身达人》的冠军。

第五章 GALA 能量环融会贯通

在 GALA 能量环中，通过设定 Goal（目标），我们知道自己要的是什么，什么是最重要的；通过 Action（行动），我们开始不断积累质变的能量，也可能因此找到前进的方向；通过对一件事产生 Love（热爱），我们可以享受行动，给坚持插上翅膀；通过 Adjustment（调整），我们可以突破倦怠期，继续坚持。

不管是目标、行动，还是热爱、调整，每一项都可以带给我们坚持的能量，每一项都可以让我们坚持一段时间。

有了目标，我们可以坚持一段时间，但如果没有行动和热爱，很快就会停止；

有了行动，我们可以坚持一段时间，但如果没有目标和热爱，很快就会停止；

有了热爱，我们可以坚持一段时间，但如果没有目标和行动，也是难以持久；

有了目标、行动和热爱，可以坚持得很好，但如果没有调整，也会中途放弃。

转动的GALA能量环

在一件事上，从 Goal 到 Action，从 Action 到 Love，从 Love 到 Adjustment，从 Adjustment 再到 Goal，当 GALA 的每个部分都做到了并开始循环后，GALA 能量环就可以转动起来。GALA 能量环转动起来，我们就能以最佳状态通过量的积累产生质的改变，而 GALA 能量环转动起来的结果就是：不再需要刻意坚持。就像 GALA 这个单词的词义——庆祝、节日、欢乐的。当我们在做一件对自己很重要、很热爱，还能调整得游刃有余的事情时，那根本无须坚持，因为做的时候感觉每天都像过节，内心充实而快乐，就算别人逼我们放弃都不行。

我的朋友叶永清，西域集团董事长，在创业最困难时，亲自做销售，把公司重新带回正轨，才有了后面的融资。这样的故事看起来很励志，但实际上呢，如果换成是你，你也一样会这么做，因为你一定热爱自己亲手创立的公司，它像是你的孩子，你不做就意味着宣判它的死刑，既热爱又重要，当然要做，当然要坚持。

那么，坚持是什么？

坚持，是你在努力实现目标的过程中所留下的轨迹；
坚持，是你做成一件事之后分享给别人成功的原因；
坚持，是你在意义足够大及足够热爱前行动的过程。

如果你在做一件事情的过程中，需要咬紧牙关、逼着自己去坚持，那说明这件事对你还没那么重要、还没有让你产生热爱，这个时候，你需要通过GALA能量环，持续产生坚持能量，让自己继续坚持，直到意识到这件事的重要性，并且爱上它，让GALA能量环转动起来。在GALA能量环转动起来前，我们需要坚持，需要很多的坚持能量，一旦GALA能量环转动起来，我们就不需要太多能量了，因为GALA能量环自转所产生的能量对我们来说已经足够。

设定目标、目标分解、找到标杆、HAIO量到质变表、把钻戒丢过栅栏、二社四感、通过调整突破倦怠期……所有这一切产生的能量都是为了让GALA能量环转动起来，一旦转动起来，我们就可以忘记所有这一切，忘记“坚持”两个字，因为我们已经不再需要任何工具，不再需要任何外在力量，这件事已经成了我们身体的一部分，与自己融为一体，所有的能量，都来自于我们的内在，来自于我们那颗蓬勃跳动的心。就像我在写这本书时，我知道这本书对我来说非常重要，是我实现梦想最重要的一步，是我业余时间的第一优先级，但启动阶段依然非常痛苦，我使用GALA能量环帮我坚持，写完1/5后，我就爱上了写这本书的感觉，GALA能量环顺利转动，再无须刻意坚持，有空时就想写，没空时就期待着有空时去写，那是内心的力量在驱动我去写，写的时候一气呵成、心情舒畅，这个心境会体现在书的内容上，你读起来也会感觉一气呵成、心情舒畅，这是你我之间的默契。

GALA能量环，让你快乐坚持。

※ 故事 & 分享

◎初心为始，坚持为终◎

——沈奕婷

奕婷是我在头马的好朋友，2016年，她参加了头马的春季演讲比赛，演讲内容就是生活中的各种坚持。在演讲比赛前，她的决赛演讲稿被演练了200遍，在决赛的舞台上，她的演讲行云流水，内容励志而动人，让人听起来笑中带泪，最终获得了演讲冠军。

我觉得，专注地做一件件事情，时间久了，在别人眼里就是坚持，而在自己的眼里，依旧只有我专心关注的那一件件“事情”而已。

想象眼前有一杯装满水的杯子，我们每个人的精力和专注力就如这杯水，是有容量的。

“我一定要每天读50页书”——当你发誓的时候，力气就会流逝掉一点。

“我怎么今天又睡那么晚？我真是个没有毅力的人啊！”——当你愤怒的时候，力气又流逝掉一点。

“怎么努力那么久，还是没有进步？放弃算了”—— 当你沮丧的时候，力气再流逝掉一点。

再看一看面前那个杯子里剩下的水，你会发现，我们真正用在做事情上的精力和专注，并不如我们想象的多。这就是我们做不长一件事，也是做不成一件事的原因之一。要把所有的精力和专注，保存起来用来做事情。

关于对“坚持”的评价，其实，是对我们的定义而已，并不是需要我们为之耗费心神去关注的点。

我们的眼里、心里、精气神里，应该只有我们想做成的那件事，就像每一朵花开，每一颗果实的成熟，都有它必须所经历的过程和时间。给到它所有的过程，耐心守候它需要的时间，以初心为始，以实现为终。回头望去的那条长长的路，就叫“坚持”。

未来的梦想越大，当下的痛苦越少

很多人说,我也做事情的,但是碰到挫折就想放弃怎么办?

推荐大家去读季羡林老先生的自传《牛棚杂忆》。他当年在德国学语言时,因为是在战争中,抬头就能看见飞机扔炸弹。他对自己说，到野山上被炸死的可能性比较小。于是他每天就带着两个小小的窝窝头，在荒郊野岭一学就是一天，他对自己说:“只要你不炸死我一天，我就继续学一天。”季老先生有大愿景，他把自己的生命和文化的学习和传承融为一体。

而我们现在所谓的挫折是什么?大多是想睡个懒觉、找点好吃的、打个魔兽、然后不干活，又或者做了几天事没看到所谓的成果就觉得自己受到了挫折。心浮气躁的人，很容易计较个人成败，看到的最多也是前面几个月的事情。

找到自己的梦想，大一点，远一点。如果只关乎自己的得失，那就放到一生的长度。如果还想为他人提供点价值，那就更应该心无旁骛、埋头做事，因为担着责任，没有时间可以用来消耗和浪费。

我的理想是成为一名儿童教育专家，帮助无数的父母了解和支持孩子的成长，帮助他们成为快乐而成功的人。对于这个可能需要花费数十年才能实现的梦想来说，做一个演讲练 200 遍算什么?什么都不算。拿一个比赛的冠军算什么?什么都不算。梦想很远，我需要不断进步，才能靠近，那么，眼下的一个个任务和困难，都不是什么大不了的事情，必须用最快的脚步逾越，才能继续往前方走下去。

因为有向往的远方，眼下再崎岖的山坡，也只是需要赶的路，而不是埋葬愿望的坟墓。

把目标分成“小”和“具体”的工作

在大部分情况下，每个人都可以把我们曾经放弃的事情做下来，比如练出 8 块腹肌，或者说一口流利的外语，区别在于，对待“成功”的心态。

如果把“成功”看成最后我们想要的那个东西或结果，难免会心浮气躁，急于求成。而其实“成功”是包含了从开始到最后，每一步，每一个不可或缺的过程的累积。想要做成一件事，把它拆分成小和具体的工作，才能实现和达到。

比如我参加的演讲比赛，谁都想拿奖，除了从构思开始认认真真之外，这篇稿子我练了 200 遍。许多人听了惊呼，“我平时最多只练 2 ～ 3 遍，你是怎么做到的？”

我做不到明天要演讲，今天临时抱佛脚，还能拿奖。我也没本事，在一天里，练到 200 遍。我的做法是，给自己订个计划，比如要练习 200 遍的话，根据我的工作和生活的安排，每天可以练 10 遍差不多，那么从决赛日期倒推，就是 20 天。

于是我用了 20 张 post 贴，每张上写好一个日期，下面写一个数字10，然后练掉一天，撕掉一张，练掉一天，撕掉一张。我用别人刷朋友圈，聊微信的时间练演讲，把看似庞大不可能完成的任务，安排成“小”而“具体”的工作，就随着时间的流逝，并不痛苦地做成了一件事情。

以上两点，是我觉得在做一件事情前必须想清楚的问题。

坚持的本质是踏实而认真，是平和而专注，是做出来的，而不是说出来的。认准方向，埋头前行，祝福每一位朋友在坚持的路上都收获你想拥有的生活。

◎我想要孩子◎

——飞姐

飞姐是当年跟我一起创立双语话剧演讲俱乐部的三驾马车之一，在热情和活力的背后，却是飞姐无法生孩子的苦痛。被无数所谓的名医宣告不孕不育后，飞姐依然没有放弃，最终，奇迹出现了！

“你如果再不吃药，这辈子就别想做妈妈了！”看着公公铁青的脸，我满脑子都是：生不出你就等着扫地出门吧！可吃掉这一大包抗生素，我真的不会挂吗？

生活远比电视剧精彩，我这个不孕不育的儿媳妇，连哄带骗嫁入了“医生之家”。婆婆是妇产科医生，公公是当地知名的老中医，专治疑难杂症。我公公说的话不算重，之前有好多个专家直接就劝我放弃治疗，我也是醉了。

记得第一次被医生说不孕是在我 20 岁手术那年，第二次被说不孕是在我手术后康复期吃中药那段时间，第三次是在 21 岁那年疾病复发手术后，第四次是在第三次复发手术后。后面就记不清了，因为看了太多医生，他们说了太多让我放弃的话，那些话对于我的健康没有任何帮助，而在现在的我看来，就是在为他们的无能找借口。没有人有权力放弃我，除了我自己！

认识石头是在第二次手术后，22 岁的我感觉自己被全世界抛弃了，身体糟糕，感情破碎，经济状况一塌糊涂。认识石头当天我跟他说自己可能生不出孩子，现在想想挺逗的，哪有刚认识就跟人家说生孩子的事儿的，可那时就是觉得自己不配拥有一段感情。所幸上天为我关上了一扇门，又打开了一扇窗。石头陪我坐火车去外地看医生，帮我熬难闻的中药，忍受我因为疾病复发而暴躁的脾气……难道他是上天派来拯救我的？

如果电视剧拍到这里不转折，岂不是太无聊了？就像狗血剧一样，我的病再次复发了，要进行第三次手术，家里已经拿不出钱了，大学还没毕业的石头，瞒着我向他家里要钱。请问一下，如果你家里就一个儿子，初恋就找了个生不出孩子的女朋友，你会怎么做？别说拿手术费了，必须立刻、马上麻利分手！面对家里的强烈反对，石头思考了几天后，一板一眼地对我说：“生不出孩子没关系，只要你是女人我就跟你在一起！”多么直白的表达，毫无浪漫可言，却深深地烙印在我心里……

在一起四年后，我们“偷偷摸摸”地结婚了，有种做了大明星的赶脚，始终要背着他家里这群狗仔队。石头的想法是：不让家里过多干预。我想的是：如果能在他爸妈知道我们结婚前生个孩子，一切就都不是事儿了！事实证明，我俩是头脑简单的乐观主义者。

经过两年的中药调理后，我放弃了自然怀孕的想法。转战某知名不孕不育医院，这家医院宣称说怀孕几率高达98%。挂号选了最好的专家门诊，一进门是满眼的送子观音、锦旗和整面墙的宝宝照片，自信心立马无穷大，谁那么倒霉是那不能怀孕的2%啊？经过快一年的中西医结合治疗，我们都沉不住气了，专家决定用宫腹腔镜一探究竟。全麻醒来后，我看着石头不自然的表情，就知道情况不妙。专家说我已经不具备怀孕的条件了，即使能够受孕，也会中途流产，劝我放弃生孩子的想法。我蒙了，没想到自己就是那倒霉的2%，无穷大的信心换来的却是让我放弃要孩子。手术后第二天趁着石头上班，我自己打包东西强撑着回家了。我怎么好意思躺在病床上让石头照顾我？我是一只“不下蛋的母鸡”啊！

如果之前还有一丝信心的话，从那次治疗以后，我感觉自己彻底抬不起头了。总有个声音在嘲笑我——生不出孩子你还算女人吗？在此奉劝那些专家和名医，请不要轻易宣判一个患者的结果，可否试着相信人体的奇迹或者心理的强大？石头总劝我说，我们可以领养啊，时间长了感情是一样的。他特别喜欢小孩，一看见小宝宝自己也变成卡通人了，逗逼的不行。只是“不下蛋的母鸡”实在笑不出来,他那么喜欢孩子，那么优秀，我怎么忍心他没有自己的骨肉呢？臣妾做不到啊！

我抱着破罐子破摔的想法，来到某中美合资的辅助生殖医院打算做试管婴儿。托人挂了最好的专家号，治了快一年，钱花得挺快，针打了不少，流程却没什么进展。医生客气地劝我放弃，有点忘了她怎么说的了，好像是说药物对我不起作用，再继续下去也是浪费时间和钱……唉，好吧！还有那么多可能怀孕的人等着看病，我不能占用医疗资源。走出医院，我站在大街上不知道该去哪儿……希望又破灭了，我该怎么办？

领养吗？每次看石头逗小孩时乐得像个傻瓜，我这心就揪的生疼。为了让那个我爱的男人有自己的孩子，我想到了借腹生子！我走火入魔了，如果这时候没人出来打醒我，后果可能就变成知音上面的悲惨故事了。我们的压力都太大了，在一次电话里石头毫无征兆地跟家里坦白了，当时婆婆让我接电话，我腿都软了，不会让我们离婚吧？接过电话婆婆说的第一句话，我这辈子都不会忘：“小飞啊，你受苦了！”当时我眼泪止不住的往外飙，这是我婆婆吗？没怪我背着她结婚，没怪我拖累她儿子，没怪我生不出孩子，她在心疼我！我上辈子一定做了很多很多好事，才能修到这么好的婆婆，我必须为石头家传宗接代！

我们立马回了一趟石头老家，婆婆为我安排了全面检查，我这才知道，我这不长苗的土地，不止苗不行，地也是块盐碱地，这次婆婆给我找了当地最好的专家帮我犁了地。手术后婆婆床前床后地照顾我，亲妈也不过如此，有此婆婆，夫复何求！

在病床上休养的那段时间，我整天寻思，这生不出孩子，究竟是身体问题，还是我心理也有问题？深刻反省之后，我发现一直以来我挂在嘴上的：为了石头要孩子，为了石头家传宗接代，其实都是借口！当我幻想了从怀孕到生产的全过程，我不可抑制的激动，我幸福到不自觉的流泪，我爱孩子，我渴望成为母亲，我想要拥有自己的孩子！说为了别人是在找冠冕堂皇的理由。不敢面对真实的自己是因为害怕失败！想明白之后睁开眼，光环一圈一圈的在我眼前展开。

婆婆打听到了全国知名的试管婴儿医生，在那里我治疗了几个月，真的怀孕了！幸福来得太快就像龙卷风，把我吹的有点蒙圈了。怎么回事儿，之前那么多专家让我放弃？这不孕不育的小船，怎么说翻就翻？不知道是有些医生医术逆天，还是某些专家无能到忽悠，说我不孕的人多了，你算老几！别怪我太得瑟，一直被某些神医贬低到尘埃里，这下总算扬眉吐气了！纵使我内心惊涛骇浪、波涛汹涌，身体却只能躺在床上做个安静的孕妇。亲爱的宝贝，你可算来了，妈妈等你等得好苦！

除了产检，我恨不得吃喝拉撒都在床上。每次去产检都很紧张，因为小腹依旧扁平，只有在这时才能知道胎儿的情况。在11周产检的时候，医生突然说听不到胎心，“听不到胎心？！不可能听不到，医生，你再听听，前面两周还能听到呢，医生你再听听，不可能听不到的，医生，是不是角度问题，你再听听，医生，医生……”

我和石头在医院的椅子上坐了很久，最后我们决定回老家找婆婆，我们希望这是误诊，肚子里的宝贝只是睡得太熟忘了心跳，宝贝还会醒的。

流产手术是婆婆帮我做的，不知道做了三十多年接生和流产手术的婆婆，当时是什么心情。现在想想心还是很疼——为那个没出世的宝宝和当时做手术的婆婆。婆婆是个坚强的女人，亲自为儿媳和没出世的孙辈做手术；我是个倔强的女人，不打麻药忍住眼泪，流下了未出世的宝宝。小小的宝贝躺在密封袋里，像一只小海马，那么软，那么小。都怪妈妈身体不好，没能把你带到这个世上，妈妈还没来得及为你取个好听的名字，你就走了。你还那么柔弱，那么需要保护，妈妈想一直陪着你，可是才一会儿你就变样了。既然留不住你，就让妈妈再为你做些什么吧。念了一百遍经之后，宝贝已经模糊得让我快认不出了。我跟婆婆把宝贝葬在了家门口的大树下，希望有家人陪伴，有大树庇佑，不会那么孤单。宝贝，希望来世你能健康、幸福、快乐！

休养了八九个月，再次出现在医院的我想继续“母亲梦”。可是检查结果出来后，显示生理年龄已经早衰到了45岁，对于一个女人这意味着再过几年我就要更年期了，而我才三十出头啊！还要继续下去吗？坚持做试管，会加速生理的衰退，可如果不继续，我就做不了妈妈。倔强的我再次选择了坚持。为了有更好的状态，我开始早睡早起，每天跑步、瑜伽，服用调理的中药。即便这样，进展仍然十分缓慢，我跟自己说：如果最后能实现，慢点又何妨？我像一只蜗牛一样爬啊爬，两年快过去了，周围的病友毕业了一批又一批，终于可以移植了。移植前婆婆给我打电话说：“小飞，楼顶突然长出葫芦了，从来没人种过，自己发出来的，你这是要生葫芦娃了啊！”婆婆真够逗的，葫芦娃？生出来跳下床立马叫“爷爷，爷爷”吗？

移植后半个月我拿着验血报告，在诊室外等着医生叫号，几个病友私下看报告讨论着，她们指着我的报告激动地说：“你这是怀了双胞胎啊！”看个血液报告就能看出来？能怀上就不错了，双胞胎是想也不敢想。B超结果显示果然两个胎心，我不得不佩服病友们久病成医的能力，比那些不靠谱的神医们强多了，果然高手在民间啊！盼望了太久，当愿望突然实现的时候我彻底懵了，马上打电话给石头：“我怀孕了，而且还怀了两个宝宝！我们要做爸爸妈妈了！”石头沉默了两秒：“双胞胎，真的吗？！我们何德何能啊……”

经历了上次的胎停，这次我们心态平和了，更加感恩宝宝们的到来。同时我觉得这次不能太紧张，卧床休息只会增加心理负担，需要找其他事情分散精力，放松心情。正好怀孕之前，我在筹备把最爱的即兴剧首次引入中国剧场商演，作为一名即兴剧演员，表演是我一生的追求。既然现在两件最重要的事情都来了，可能是上天的安排吧。

可没想到身体超负荷了。演出结束当晚，我开始出现先兆流产，腹痛并伴随少量出血。我吓得浑身哆嗦，抱着石头号啕大哭，我怕伤害到宝宝们，内疚自责和恐惧让我崩溃。我拼命道歉:“对不起，对不起，对不起宝贝们，表演是妈妈一辈子的追求，可你们就是妈妈的一部分，妈妈应该先照顾好你们，照顾好自己，才有资格去追求事业……”石头一直抱着我，安抚我，渐渐我的情绪稳定下来不知不觉就睡着了。

休息过后，流产的症状消失了。感恩上天的厚待！感恩宝贝的坚强！既然身体发出了信号，我必须做出选择。当时我所在的即兴剧团刚组建不久，作为创始人之一，经历了团队从无到有，从一盘散沙到渐渐凝聚，它对于我来说不仅是一份事业，更是我的希望和心血，我能弃它于不顾吗？正在我犹豫不决的时候，身体再次发出了警告。一次，我去开团队会议晕倒在电梯里，幸好被一位帅哥扶了起来，当时他以为我喝多了。

身体不断发出警告，必须快刀斩乱麻，不允许再有丝毫犹豫，随即我向团队提出了退出。退出以后的大肚婆除了吃和睡，就是拎个小板凳出去晒太阳，晚上等老公回来对着肚皮讲故事，虽然肚子很重，但小日子过得极舒坦。两个宝贝特别给力，每次产检都顺利通过，我已经做好了顺产的准备。但医生根据我以往的病史，建议为了胎儿的安全采取剖宫产。

手术那天一想到要见到宝宝们，我兴奋得不行，毫无紧张感。只是原定下午一点进手术室，快四点了手术室才来接我，说是前面两个产妇大出血，情况很危机。听到这个消息，家里人的心都紧了一下。躺在病床上，我被推向手术室。通往手术室的路是如此相似，亲人们的紧张那么清晰，手术室仍然像以前一样冰冷，器械的声音让人不寒而栗……只是这一次我不再恐惧，不再绝望！两个小生命就要从我的身体里诞生，我不再是自己，我是一个母体，是孕育新生命的大树，我是一个伟大的母亲！

手术进行得很快，不到 10 分钟，我就听到了第一声啼哭，是右娃，哭声是那么憨厚，带着一丝疑惑和慵懒，“第一个，女孩，2480g”；接着左娃出来了，这个之前在我肚子里大闹天宫的小家伙，哭声也是那么犀利，感觉有种被人吵醒了的不耐烦，“第二个，女孩，2400g”。护士抱过来一个皱巴巴的小东西对我说：“看看是男孩还是女孩？”我盯着屁股看了半天愣是没看出来，有种淘宝买家秀的即视感，另外一个娃同样是买家秀。这跟我想的不一样啊！不是应该盯着宝贝的小脸，看着看着热泪盈眶嘛，我怎么净盯着屁股看了！还好有俩娃，可看的居然都是屁股！很快宝贝们就被抱出去见家属了，留下我这个被开膛破肚的大鲸鱼躺在手术床上。

原以为见到宝贝们会激动得流泪不止，并没有，而我只是一直傻傻地笑。过了半天听到医生说“不明原因的血流不止，需要血库紧急调血”，这才反应过来原来“哗啦啦”的背景音是我流的血。医生说“别紧张,紧张对你不好”,“医生,我不紧张”。成为母亲的我完整了，没有什么可害怕和遗憾的！血流了很久，医生急了，“怎么血还不送来，赶快去拿！”我也不知道情况有多危急，只是感觉越来越困，迷迷糊糊地听到“血压降到30”，不知道还要多久，好累啊，我只想睡一会儿。睡梦中被医生叫醒“现在血输上了,可你还在流血,需要再做一个栓堵的手术”。转手术室的时候，家人跑过来围着我，看着石头焦急的表情和父母哭红的眼睛，我使了好大劲儿，终于从嗓子眼儿里挤出几个字“别担心，我－没－事”。最难的时候已经过去了，一定会越来越好的。历时三四个小时，我终于手术完毕被送到了重症监护室，最难受的不是身体，而是还不能见到我的孩子！

三天后，身体渐渐恢复了，医生终于允许我把宝贝们接回来。可怜的宝贝们，突然被人强行从舒适的子宫拉扯出来，还没来得及享受妈妈温暖的怀抱，没尝过带着体温的乳汁，就独自面对这个未知的世界，你们是多么的无助和恐惧。这时石头和家人推着两个婴儿床进病房了，我挣扎地从病床上爬起来，当看到两个宝贝的时候，我再也绷不住了，眼泪喷涌而出:“宝贝们，你们来了！谢谢你们不顾艰险，选择我做你们的妈妈！谢谢你们包容妈妈的不完美！谢谢你们的坚强！你们给了妈妈无穷的力量！谢谢你们，我的孩子们！”

◎你，是我的呼吸◎

——没有你，我便不存在了（Kiki）

这个故事的主人公就是当年在主席竞选中 PK 掉我的 Kiki，Kiki 是我心中的女神，不仅是因为她的人格魅力，也不仅是因为她带给我的极大改变，更重要的是，她和 Tom 堪称传奇的爱情故事。我把 Kiki 的故事放在最后，希望你能用心去感受。在这个故事中，没有出现“坚持”两个字，却道出了坚持的终极意义。

慢跑，是我生命的一部分，就跟爱你一样。

清晨五点多，穿梭在这座城市的大街小巷，没有地图，因为我相信心中的罗盘不会让我迷失方向。我喜欢用双脚去探索一个城市，无论是冰岛的雷克雅未克，还是日本的京都，无论是美国的东岸，还是意大利的北方，虽然总是一个人，但是，这些目的地都跟你有关。

台北又下起了雨，屋子里回荡着制氧机有节奏地送气声，那声音宛如你的心跳般有力。你曾是篮球场上 188 公分的大前锋，只见你矫健地冲到篮筐下，快步上篮，顿时如雷般的欢呼声响彻整个球场……时空交错，站在你无数次飞跑过的篮球场中央，只有风吹过树叶的声音，我在岁月的缝隙里，找寻你的汗水与脚步的痕迹。

为什么遇见你？

他叫 Tom，美国名校博士、事业有成、高大帅气，成熟中保留着男孩的纯真，笑声爽朗，笑容中时常流露出些许羞涩，一种说不出的吸引力，令人想靠近，却理智地保持距离。他有着我对爱情的一切想像，太美好，也太遥远。那年，我刚从大学毕业不久，是一只青涩、鲁莽的丑小鸭，我们年龄相差近十岁，完全是两个世界的人，命运，却让我们相遇。

只是因为一次面试，他就肯定我是优秀的；只是因为他看见了我的光芒，在工作中给我最大的鼓励，我的侠胆柔情被激发出来，还在日记里莫名地写下“士为知己者死”的豪言壮语。谁知往后的岁月里，也是这股义气，让我做出了改变命运的选择！

“你听说过‘渐冻人’吗？”2005 年 5 月 12 日日落前，上海的办公室里 Tom 问我。“渐冻人”是运动神经元疾病的俗称，医学上称“肌萎缩侧索硬化症”，英文是 Amyotrophic Lateral Sclerosis，简称 ALS。这是一种极其残忍的病，渐渐吞噬一个人的活动力，从四肢，到吞咽，从说话，到呼吸，宛如一根巨大的绳索，把一个生命紧紧绑缚，拖向深渊。

Tom 伟岸的父亲多年来就在与这个疾病搏斗，全身不能动，口不能言，但是，凭着顽强的毅力、无比的勇气以及对生命满腔的热情，靠眨眼的方式书写，每周一篇专栏，每年出版一本书，创造了吉尼斯世界纪录，成为眨眼写作出版字数最多的人。病后共出版 7 本书，35 万字，这项记录至今无人能破。而这堪称传奇的故事背后，默默付出的，就是他伟大的母亲。

这是怎样的家庭？听着他讲述父亲的故事，我的心绪翻腾汹涌。当他说到，大概在一年前，发现自己左手的活动不方便，现在已经完全举不起来了，他猜自己也“中奖了”时，我的心早已爆炸，裂成无数个“为什么”的碎片，散落一地，谁能告诉我答案？

爱，就要在一起吗？难道轰轰烈烈的爱情注定是悲剧吗？我爱上了一个人，原本以为只要远远地、静静地、悄悄地编织着自己的童话就好，而今，有一股力量推着我去靠近、去参与、去创造。

这场病为眼前的美好突然加上了一个期限，也许是几个月，也许是几年，而我，不能束手旁观。当他再次笑容满面地出现在工作中时，让我恍惚，那场宛如诀别的对话似乎不曾发生过，但是，他无法动弹的左臂提醒我，一切都是真的。

他的笑声仍然回荡在公司里，只要从办公室出来，他必然经过我的桌前，问一下我手上工作的进展，或者邀我一起吃午饭，又或者问我要不要坐他的便车回家。我一直都以为是我先表白，现在回想起来，原来一直都是他在铺陈。后来，他说是这场病，让他知道在有限的生命中最想做什么，最该珍惜什么。而我没有想到，这竟然跟我有关。

与时间赛跑的我，再也无法压抑心中的情感，又是一个黄昏，我一口气说出了从第一次见到他，到圣诞夜在地铁里相遇，再到后来一起工作，还有听到他生病后的纠结，我说他值得被爱，值得被好好照顾，我愿意做他的左手。他微笑地听着，眼眶里含着泪，最后伸出手来，用力地握了一下我的手，说："谢谢！"

这份爱情，从一开始似乎就笼罩着一抹悲剧的色彩，而他用尽全力去把我的天空绘成玫瑰色。从左手，到右手，再到左脚和右脚，我们在与这场病拔河，用爱情，用信念，还有更多。2008年冬日的午后，行动已经不太灵活的Tom慢慢挪动脚步，走近我，手里拿着红色丝绒的小盒子。这一刻，我足足等待了二十八年，而真正来临时，我却在不知所措中退缩了。

冲出屋子，在风中奔跑，谁能告诉我要怎么做？眼角的泪早被冷风吹干，我却仍然没有答案。脑海中是所有美好的画面，那令我痴迷的笑容，还有那即便被疾病折磨却仍然努力绽放的身影，他值得被爱，值得被好好呵护，而他的母亲要照顾卧病在床的父亲，我在心中呐喊："除了我，还有谁？"

"除了你，没有别人！"一个声音在我耳边响起，那个声音不断重复，"除了你，没有别人！"我突然像重新找到了生命的方向，全身充满力气，立即掉头，一口气跑回家，对Tom说："你愿意再求一次婚吗？"

对于这份婚姻，父母反对过，但是，我知道是他们给了我爱人的能力，因为他们对我无条件的爱，才让我有源源不绝的信心与热情，继续用爱去回报这个世界。

为了让 Tom 得到更好的照顾，结婚后，我们搬回了台北。我无暇顾及适不适应新环境的问题，每日的工作和生活安排得满满的。早在上海时，辞去原来的工作后，Tom 找到了即便身体不能动，还可以一直做下去的事情；我，为了有更多时间陪在他身边，成立了自己的翻译工作室。

随着 Tom 病情的恶化，新情况应接不暇，一方面要不断学习新的照顾技巧，另一方面要处理工作上的各种事情。就在人生突然翻转之际，灰心、气馁、伤心、难过，各种负面情绪时时来袭。然而，对于人生的信念、自我成长的要求、对于他人的苦感同身受，成了我穿越苦难的资粮。

2011 年底，也就是我到台北的第三年，出版了《你是我的呼吸》。这本被称为“含泪带笑”的小说，讲述了我们相遇、相恋、相知、相惜的故事。我们受邀走进校园，与年轻人分享爱与陪伴的故事，鼓励他们珍惜所有。

进入这个家庭，对我影响最大的是 Tom 的母亲，一位周身散发着慈爱与包容的伟大女性。因为家人生病，她深刻体会到渐冻朋友与家属的辛苦，在她担任台湾渐冻人协会理事长期间，不仅把爱送到各地，还跨越海峡，送到北京，上海以及东南亚国家。与母亲住在一个屋檐下，协会的事务对 Tom

和我来说就像是生活的一部分。

2012 年，时任国际渐冻人协会联盟主席、冰岛渐冻人协会主席，同时也是渐冻病友的 Gudjon Sigurdsson，开着电动轮椅纵横国际，他在卸任前走访亚洲，来到台湾。因为曾与 Tom 在两届国际大会上有过交集，所以专程来到家中鼓励卧床的 Tom 利用长才，参与国际渐冻人的权益倡导以及研究的推动。

那时，我们正在面临着是否气切的艰难抉择。假如不气切，可能很快就会“溺水身亡”，那么很多可能也就不存在了；选择气切，要面对的是生活照顾上长期的辛苦，因为现代医学和维生设备能够把生命硬生生地拉长，如果没有足够的意义去支撑这种辛苦的存在状态，那么活着就成了最残酷的煎熬。但是，但是，活着，才有希望！

Tom 这些年来，除了积极接受生病的事实，更是积极把握所剩不多的选择机会，接纳身体的不方便，让辅具进入生活，努力保持最后的独立与生活的尊严，从电动床、轮椅、全身不能动之后的眼控鼠标。

活着，才有可能！我们决定选择气切，要为活着赋予意义，要在苦难中创造独属于我们的“传奇”！四年后的今天，Tom 仍是全世界气切的渐冻人中为数不多的还保有说话能力的人。2016 年 4 月 23 日，Tom 当选为台湾渐冻人协会理事长，是协会创会 19 年来第一次病友领导者。

在陪伴 Tom 的过程中，这一切看在眼里，我没有理由不把生命活到极致。从 2012 年底开始，我每年都代表台湾参加国际渐冻人协会联盟大会。2014 年，有幸当选为联盟理事，是全球十位理事中唯一来自亚洲的代表。2015 年，促成台湾举办第一届亚太运动神经元疾病大会，共有 7 个国家和地区的 440 多位与会代表出席。同年，协助亚洲三个渐冻人团体加入国际联盟，分别是：陕西省渐冻人协会、北京东方丝语渐冻人关爱中心，以及马来西亚渐冻人协会。也是在这一年，负责完成了比利时渐冻人协会向台湾渐冻人协会 14 辆高科技电动轮椅的跨国捐赠。

2015 年的春天，我考进 Tom 的母校，利用周末攻读硕士学位。一边读书，一边工作，一边陪 Tom 处理协会的日常事务，把他的想法付诸文字，更付诸行动，希望能够把更多的关怀和温暖带给更多的渐冻朋友与家属。与此同时，继续用这难得却又美好的生命，谱写一曲平凡中的辉煌。

※ The Last Thing

时间退回到 2014 年 5 月，在我成功当选大区区长后，我有一个目标：一年后带领 85 大区成为世界第一大区。与全球 90 多个大区争世界第一，难度极高，但我觉得，既然选择做，那就全力以赴做到最好。

当我提出世界第一这个目标后，很多人都把它当成一个笑话。全球有 90 多个大区，你要世界第一？我们从来都没有得过世界第一，你凭什么？

凭什么？我就是这么任性！我总结了一个路人甲的嘲笑周期——切，咦，诶，WoW。

当定下目标后，路人甲说：切，就凭他？
当开始行动后，路人甲说：咦，竟然开始了。
当行动顺利后，路人甲说：诶，好像还可以哦。
当目标实现后，路人甲说：WoW，你看，他就是行。

有了目标，然后开始跟 60 多人的大区团队研究成为世界第一的方法，研究出的方法可以简单到只有两个字：质量。也就是如果能够保证每个俱乐部的活动质量，我们就有希望成为世界第一。保证活动质量靠什么呢？我们使用的工具叫做“关键时刻（Moments of Truth-MOT）”。

理清完思路后，我列出了三件最重要的事：

1. 通过将“关键时刻”具体化，让这套工具在每一个俱乐部有效落地。

2. 通过反复强调，让大区团队及各俱乐部领导相信可以拿到世界第一。

3. 通过不断培训和沟通，持续提升大区团队凝聚力和个人能力。

为了将关键时刻具体化，我将大量俱乐部的场景写成了执行案例，整个案例超过一万字；为了让大家相信我们可以拿到世界第一，我在每次培训或分享时都会反复强调这个目标；为了提升团队凝聚力和能力，我们提升每次培训的时间和质量，培训时间增加了一倍。

我当时还做了件看似非常疯狂的事，打电话给60几位团队成员和200多位俱乐部主席，一年内共打了3轮，其中一轮发生在大年三十那天的下午1点到零点，每个在大年三十接到我电话的人都非常吃惊，没想到我会打电话过去，我在电话中一个字一个字地告诉他们：我们可以成为世界第一。

如果一个人反反复复重复一件事，其他人也会信以为真。渐渐的，团队上上下下都开始相信我们可以成为世界第一，并为此全力冲刺，因此创造出了一系列奇迹。

上海有家俱乐部快运营不下去了，团队成员组织“借壳上市”，并运营良好；一家公司俱乐部暂停了活动，团队成员反复和俱乐部领导沟通，最终说服他们让俱乐部回到了正轨；大连有家俱乐部每次只有5个人参加会议，团队成员带着几位资深会员反复拜访，几个月后，竟然让这家俱乐部健康运营起来……这样的故事还有很多。

那段时间，整个团队呈现出了一种全力以赴的忘我状态，而所有人的全力以赴带来的质变就是：中国自1999年成立第一家头马俱乐部以来，在2015年第一次获得世界第一大区荣誉，全世界的头马为我们鼓掌、为我们祝贺，这个荣誉属于大区的领导们，属于俱乐部领导们，更属于每一位 85 大区的头马会员。

2015 年 8 月 12 日晚，拉斯维加斯凯撒皇宫酒店，容纳 3000 人的主宴会厅座无虚席，第 84 届头马全球峰会正式开幕。我作为世界第一大区的区长,在后台等待最后时刻的出场，手中的旗帜，就是头马国际的会旗，这是只属于世界第一大区的荣誉……

致坚持者

你，也许是清晨公园小路上那个寂寞奔跑的人；
你，也许是中午空旷教室里那个潜心伏案的人；
你，也许是深夜家中书房里那个奋笔疾书的人；
……

坚持，不是为博得他人目光的哗众取宠；
坚持，只是为赢得自我尊重的滴滴汗水。
坚持，不是为激励自己喊出的嘹亮口号，
坚持，只是为实现自我价值的持续行动。

目标不一定总能达成，梦想不一定最终实现，
但坚持的路上，
我们一定会收获难忘的经历和厚重的沉淀，
这是我们的约定。

因为我们的名字叫——坚持者!

谨以此诗
向所有在路上追逐梦想的坚持者 致敬

附表：

HAIO 签到反馈表

第　周	优先级	星期一	星期二	星期三	星期四	星期五	星期六	星期日
HEALTH 健康（目标：			燃料：			标杆：		）
ATTITUDE 心态（目标：			燃料：			标杆：		）
INPUT 输入（目标：			燃料：			标杆：		）
OUTPUT 输出（目标：			燃料：			标杆：		）

HAIO量到质变表

第 周	优先级	星期一	星期二	星期三	星期四	星期五	星期六	星期日
HEALTH 健康（目标：			燃料：			标杆：		）
ATTITUDE 心态（目标：			燃料：			标杆：		）
INPUT 输入（目标：			燃料：			标杆：		）
OUTPUT 输出（目标：			燃料：			标杆：		）

附表：

HAIO量到质变表

第　周	优先级	星期一	星期二	星期三	星期四	星期五	星期六	星期日
HEALTH健康（目标：			燃料：			标杆：		）
ATTITUDE心态（目标：			燃料：			标杆：		）
INPUT 输入（目标：			燃料：			标杆：		）
OUTPUT 输出（目标：			燃料：			标杆：		）

HAIO 量到质变表

第　周	优先级	星期一	星期二	星期三	星期四	星期五	星期六	星期日
HEALTH 健康（目标：			燃料：			标杆：		）
ATTITUDE 心态（目标：			燃料：			标杆：		）
INPUT 输入（目标：			燃料：			标杆：		）
OUTPUT 输出（目标：			燃料：			标杆：		）